曹 臻 白云翔 / 著

拉索
LHAASO
打开人类高能宇宙新视界

四川科学技术出版社

谨以本书向所有拉索建设者致敬

推荐序

　　在加速器技术出现之前，宇宙线是研究基本粒子及其相互作用的主要手段。本书围绕当前国际宇宙线领域最为卓越的科学设施——高海拔宇宙线观测站拉索（LHAASO），介绍宇宙线相关的科学知识和拉索取得的重大科学发现，引领读者穿越物质科学的极微世界，走向广袤宇宙的极大之境。作者回顾了我国几代宇宙线科学家奋斗在高原开展观测研究的历史，从高能所的第一代所长张文裕先生讲到以曹臻为代表的第三代宇宙线研究团队，拉索是中国高能物理发展五十载结出的硕果，是中国基础科学进步的里程碑，也是对中国宇宙线学人探索精神和深厚家国情怀的生动诠释。本书通过拉索的故事为我们展现了中国科学家在国际学术舞台上日益重要的角色和贡献，让每一位怀揣科学梦想、矢志追求真理的读者，都能从中汲取力量，感受中国科技迸发的智慧与能量，值得热爱科学、渴望探索未知世界的读者品味、深思。

王贻芳

实验高能物理学家
中国科学院院士
中国科学院高能物理研究所所长

中国高山宇宙线实

1954年

在海拔3 180 米的云南东川落雪山矿区，设立了云南落雪山宇宙线实验站，建成了中国第一个高山宇宙线实验室。

1976年

在海拔5 200 米的西藏甘巴拉山顶建起了大规模高山乳胶室，开展了近10年的观测研究。

1989年

在海拔 4 300 米的西藏羊八井建立国际宇宙线观测站，并开展了中日合作 ASγ实验。

2000年

开始与意大利合作开展 ARGO-YBJ 实验建设。

在
曹
建
"
（
整

佥里程碑

2023年

发现史上最亮伽马暴的极窄喷流和10 TeV光子，该成果入选2023年度"中国科学十大进展"。

2021年

观测到首个超过1 PeV 伽马光子，并发现了多个河内源在数百太电子伏处没有截断，预示银河系内普遍存在拍电子伏量级的"宇宙加速器"。

2019年

拉索科学观测正式启动。

2015年

拉索获国家发展改革委批复立项，站址位于四川稻城海拔 4 410 米的海子山，主体工程于 2017 年开工建设。

年

科学会议上，在高海拔地区复合探测阵列宙线观测站拉索）"的完

序言

今天，拉索帮助我们在国际粒子天体物理研究中占据了领先地位，不断产生着新发现——无论是每次重要成果的发布，还是在每次重要的国际研讨会上——都会引起广泛的关注，激发热烈的讨论。拉索多项打破传统认知的新发现，引发理论界和实验科学频繁碰撞，促使观测技术上的深入和理论研究的不同见解形成，我们因此看到在拉索开始观测之后的短短几年内产生了数以千计的相关研究论文的发表。不夸张地说，拉索的一举一动，都牵动着整个领域的注意力。随着拉索观测结果在科学界的扩散，激发了相邻学科之间的碰撞和再发现的灵感，显著地促进了交叉学科的发展，拉索成为拓展知识边界的重要力量。

在此背景下，面对公众对科学技术进步的空前热情和渴望，我们深深地感受到了一份责任和义务，要尽快以科学普及的形式，把拉索的科学发现及其意义、对现有理论的贡献与挑战、拉索所采用的高精尖探测技术、建设过程中产生的技术进步，以及这一切所蕴含的科学精神呈现给大众，以满足大众对扩展科学知识、丰富精神生活的需求，助力增强国民科学意识及民族自豪感。

这本书介绍了宇宙线研究的历史，回溯了宇宙线与研究物质深层次结构的高能物理的渊源，讲述了科学家如何通过测量宇宙线来探索高能宇宙的奥秘，相关探测技术如何发展与演化，以及我国的宇宙线研究在从"零"起步，经历跟跑、并跑到引领的过程中整整三代人不懈努力的故事与精神。我们采用大量历史照片和科学解读图片，用尽可能通俗的语言解说深奥的粒子天体物理现象与观测研究。我们不仅介绍了宇宙线研究的前沿动态和最新成果，也讲述了建设宇宙线研究史上最大规模之一的探测装置的艰辛与乐趣，意在激发公众对未知世界的好奇心和探索欲。

我们真诚地希望大家喜欢这本书，从中享受到科学的美妙、感受到探索科学奥秘的乐趣，更希望能激励广大学子投身科学探索的热潮之中，在携手构建宏伟的科学殿堂的同时，让我们不忘传承与弘扬中华民族悠久而优秀的文化精髓，让中华文化的光辉在人类的宇宙观里熠熠生辉，照亮人类前行的道路，共同书写人类文明的新篇章。

目录

01 上穷碧落——人类探索宇宙线的奥秘

神秘的宇宙   003

星空下的先行者   004

· 古籍《文献通考》中关于 1054 年天关客星的记载   005

· 蟹状星云观测史   007

在气球飞行中的惊天发现   008

无处不在、无时不有的 "粒子阵雨"   013

宇宙线是福还是祸?   017

宇宙线的神秘面纱   020

宇宙线来自何方   025

追宇宙里的光   031

02　仰望星空——我国宇宙线研究的前世今生

开启中国宇宙线观测时代　　　　　　　　　　　　　039

我们不是"从零开始"　　　　　　　　　　　　　　041

从落雪山到念青唐古拉山　　　　　　　　　　　　　048

· 云南东川落雪山宇宙线实验室　　　　　　　　　　048
· 西藏甘巴拉山高山乳胶室　　　　　　　　　　　　053
· 念青唐古拉山羊八井宇宙线观测站　　　　　　　　057

再上高山，向宇宙要答案　　　　　　　　　　　　　065

03 十年一剑——拉索的建立

什么是拉索   071

必须占有一席之地   073

拉索选址难   083

拉索为什么如此"高、大"   086

· 圣境的探星征途: 稻城   088

· 别人工作叫上班, 我们工作叫"上山"   092

世界屋脊上的高能宇宙"天阵"   096

· 电磁粒子探测器阵列   104

· 缪子探测器阵列   106

· 水切伦科夫探测器阵列   111

· 广角切伦科夫望远镜阵列   115

拉索巡天的等候与迎接   123

· 荒原变成热土   126

04 星火燎原——拉索精神的铸造与传承

再闯无人区 137

挑战高海拔 144

不熄的灯火，不睡觉的我们 148

· 同一个"星空下"的我们 149

· 既然选择了，就坚持下去——电磁粒子探测器阵列 157

· 决不将就——缪子探测器阵列 163

· 苦中有乐——啃水切伦科夫探测器这块硬骨头的人 167

· 去星辰大海——广角切伦科夫望远镜的"护眼人" 173

· 通用技术部——为拉索"供氧、输血" 178

· 数据平台技术部——从不高反的拉索"大脑" 181

· 时钟同步系统——给"雨滴"授时 184

拉索的词典没有"不可能" 190

新视界，新使命 194

这不是一个"STOP"，而是一个"START" 198

05 群星璀璨——开启超高能伽马天文学时代

发现最高能量光子和首批"PeVatron"   207

· 从美国的 CGRO 卫星到中国的拉索   208

· 天上有很多"PeVatron"   209

· 伽马天文学头顶的"乌云"   212

· 探测伽马光子, 就像大海捞针   215

发现来自"宇宙灯塔"的超高能伽马辐射   221

· 至和元年, 客星出天关东南   222

· 再一次刷新"中国超新星"伽马光子能量探测的纪录   223

· 填补标准烛光的超高能辐射空白   227

捕捉大质量恒星死亡瞬间爆发的"宇宙烟花"   230

· "亮瞎眼"的猛烈爆发导致多数探测器瞬间"失明"   232

· 穿越 24 亿光年, 一束极窄喷流产生的伽马光"照亮"了地球   235

· 来自遥远宇宙的高能光子引发"认知风暴"   236

发现宇宙中能量超 1 PeV 的大尺度"伽马泡泡"   240

· 天鹅座, 大质量恒星的"生死轮回"   242

· 超高能"伽马泡泡"中隐藏着的"宇宙加速器"   245

· 2.5 PeV 光子, 超过"膝区"的宇宙线到底从哪里来   246

· 巨型"伽马泡泡"内部的电磁环境比预期复杂   249

拉索的四项技术创新   252

· 高精度多节点远距离时钟同步系统"小白兔"——同步精度达 0.2 纳秒   252

· "无触发"数据获取系统——实现高达 4 GB/s 宇宙线事的"零死时间"观测   255

· 硅光电倍增管首次在切伦科夫望远镜上大规模使用——成倍提高望远镜有效观测时间   257

· 20 英寸微通道板型光电倍增管——大幅提升大灵敏面积光电倍增管的时间测量精度   259

06　星辰大海——中国科学院高能物理研究所大科学设施矩阵

北京正负电子对撞机　　　　　　　　　　274

北京同步辐射装置　　　　　　　　　　　278

中国散裂中子源　　　　　　　　　　　　280

大亚湾反应堆中微子实验　　　　　　　　282

江门中微子实验　　　　　　　　　　　　284

硬 X 射线调制望远镜　　　　　　　　　　286

高能同步辐射光源　　　　　　　　　　　288

羊八井宇宙线观测站　　　　　　　　　　290

阿里原初引力波探测实验　　　　　　　　292

引力波暴高能电磁对应体全天监测器　　　294

中国空间站高能宇宙辐射探测设施　　　　296

增强型 X 射线时变与偏振空间天文台　　　298

后记　　　　　　　　　　　　　　　　　300

拉索科学发现年表　　　　　　　　　　　304

参考文献　　　　　　　　　　　　　　　308

《文汇报》谢震霖 摄）

上穷碧落

人类探索宇宙线的奥秘

在茫茫宇宙之中，人类如同沧海一粟，微小如尘埃。然而，我们的存在也可以如同星辰一般，灿烂而耀眼。考古学家们探寻的是地球的过往，天文学家们则一直在追寻着宇宙的足迹，探索着那无法抵达的远方。

在几十亿光年的星空深处，探寻一颗恒星、一个星系，乃至宇宙的演变，那是一种别样的浪漫。我们仿佛可以穿越时空，见证宇宙洪荒、星辰诞生的壮丽景象，洞见万物的生与灭。

神秘的宇宙

在无垠的苍穹之上，宇宙并非如我们所想的那般虚无缥缈、空洞无物。相反，宇宙中饱含着无数的神秘粒子，它们像璀璨的星辰，在广袤的天际中弥漫，与宇宙共舞，伴随着宇宙的每一次呼吸，每一个瞬间的变化。它们无处不在，无时不有，如同永恒的旋律，回响在无尽的时空深处。

在古代，科学之光尚未点亮时，人们已心驰星海，从仰望中获得灵感，内心充满了对未知的渴望。那时，无"外太空"一词，也无天际之概念，心中有敬畏、眼里有好奇的人们理所当然地认为，除了日月星辰，在广袤的宇宙中似乎再无他物。

中国古人在自己的千年仰望中，智慧与遐思无穷迸发，梦想早已跨越山海，飞向浩渺的星空；但肉眼所见毕竟有限，在古人的认知领域中，除了星辰与气象的变化万千，再无所获。

事实真的如此吗？太空中是否隐藏着巨大的秘密？

星空下的先行者

在与天空对话、探索和发现未知的征途上，中国古人从未放弃过努力，他们是探索星空的先行者。

在我国古代，天文与历法是国之大事，观天和编写历法都是由皇帝指定的专门机构负责的，普通人不能私自观测天象。在"君权神授"的时代，天象变化代表了"上天的旨意"，事关皇权统治。天象和历法又与人们的生活息息相关，因此古代国家天文台是中央机构，承担重任。

中国早在秦汉时期就有太史令掌天象历法。隋太史令属秘书省，官属为太史曹，隋炀帝改"曹"为"监"。唐初，改"太史监"为"太史局"，后又改称"司天台"。宋、元称司天监。明时沿用司天监，后期改为"钦天监"。清朝时官职沿明制，仍属钦天监。由于历法关系农时，加上古人相信天象改变和人事变更直接对应，钦天监监正的地位十分重要。

古籍《文献通考》中关于 1054 年天关客星的记载

北宋仁宗至和元年，中国发现了一颗巨大的"明星"，也是被后世所验证确实存在的一个天文现象——蟹状星云。1054 年 7 月 4 日，宋朝百姓发现天上有一颗明亮的大星在天关（金牛座）方向出现，静静挂在天上，它的亮度远超金星几倍，白天也能看到，并持续了 23 天。那时，人们受思维所限，觉得天上看到的只有星星，因此司天监将其记录在案时，称之为"天关客星①"（图 1）。史料中的这颗星后来被证实就是我们观测到的蟹状星云。

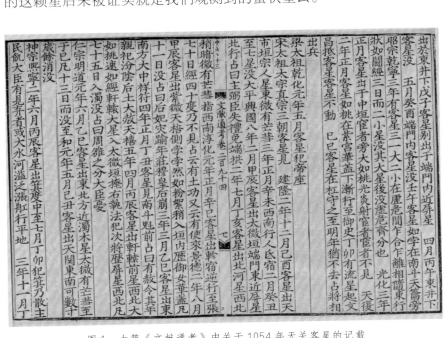

图 1　古籍《文献通考》中关于 1054 年天关客星的记载

---

① 中国古代把那些突然在星空中出现，以后又慢慢消失的天体称之为客星。

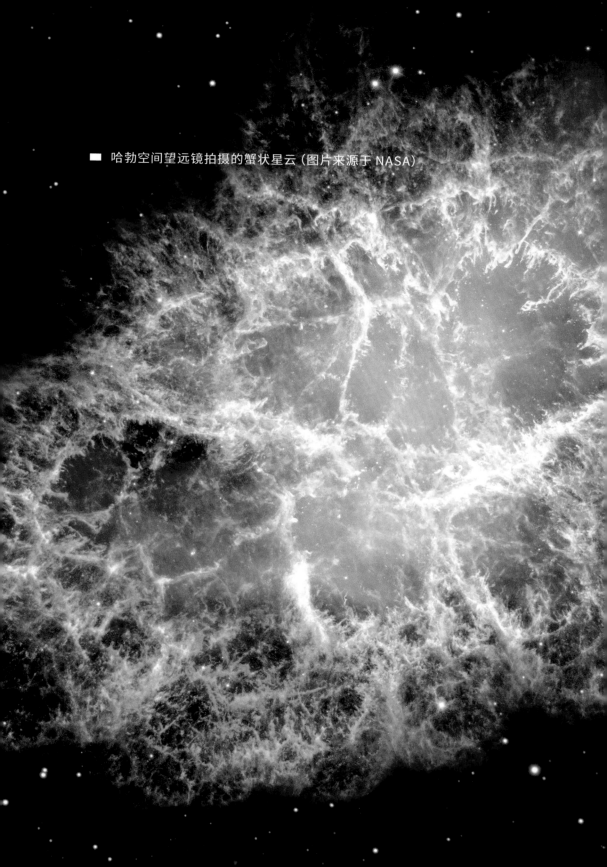

■ 哈勃空间望远镜拍摄的蟹状星云（图片来源于 NASA）

蟹状星云观测史	
1054 年	北宋司天监的官员发现"天关客星"，持续记录数日，相关记载见于《文献通考》《宋会要》等文献，是世界上关于蟹状星云爆发时最详细的早期记录
1731 年	英国医生、天文爱好者约翰·贝维斯将发现的类似云状的物质（蟹状星云）记录了下来
1758 年	法国天文学家查尔斯·梅西耶将发现的星云（蟹状星云）排在他所编的星云表第 1 号
1921 年	美国的两位天文学家卡尔·兰姆兰德和约翰·邓肯彼此独立地发现蟹状星云在膨胀
1928 年	美国天文学家埃德温·哈勃测量出蟹状星云的膨胀速度，并反推其回溯膨胀的时间点起源于 900 年前（1054 年）的爆发，这与北宋相关天关客星的记录相吻合
1968 年	发现蟹状星云是一个伽马射线源
2021 年	中国的拉索发现从蟹状星云中辐射出来的人类当时观测到的最高能量光子，能量高达 1.4 PeV

在气球飞行中的惊天发现

到了 20 世纪初，科技发展到了一定的水平，人类对于科学的探索也进入了更深入的阶段，已经知道宇宙中存在着不仅眼睛看不到，身体也感知不到的万般可能。地球与广袤的宇宙之间有什么样的联系？我们怎么能了解到遥不可及的宇宙和充满未知的神秘天体呢？就如人与人之间的互通信息需要一个媒介一样，这中间一定会有一个信使，用某种特定的信息，让未知慢慢成为已知，让看似毫不相干的一切产生联系。地球与宇宙之间的信使也是这样慢慢进入人类的视线的。

18 世纪，法国物理学家库仑（Charles Augustin de Coulomb，1736—1806）在研究静电现象的时候，发现任何带电物体的电荷量都不能永久保持，总会以某种神秘的方式逐渐泄漏。库仑猜测，或许有一些电荷经由悬挂小球的绝缘线跑掉了，但这显然不是一个完美的解释。随后，英国的卢瑟福（Ernest Rutherford，1871—1937）在库仑猜测的基础上，怀疑"偷"走实验中的电荷的是一种辐射，这种尚未被认识的神秘辐射开始不断地引发人们的思考。

1912年，奥地利物理学家赫斯（Victor Francis Hess，1883—1964）带着当时学界对神秘辐射的各种猜测开始了一次又一次的高空实验——他乘坐热气球升上天空测定空气的电离度（图2）。他在实验中发现，电离室内的电量随海拔升高而变大，从而认定带电粒子是由来自地球以外的一种穿透性极强的辐射所产生的。他的实验表明，在离开地面一段距离而使电离如预料中的下降之后，上升到距离地面2 000米后，电离水平开始回升，且随着热气球高度的升高而升高，是在地表测量到的数倍。当赫斯带着电离室飞行在5 000米的海拔时，电离水平会显著增强，是地面的9倍，白天和黑夜没有变化。赫斯还趁着日食期间冒险飞行，也没有发现明显变化，因此赫斯得出结论：大气辐射不是由太阳发出的，而是来自外太空，是来自太阳系外宇宙空间的一种辐射。同年，赫斯将他的发现公开发表。

赫斯的实验结果解释了我们周围的空气被持续不断地电离的现象，回答了100多年前库仑的验电器无故漏电的问题。1911—1913年，赫斯带着验电器飞行了10次，每次飞行测量实验都要耗费1个多小时，飞行高度已经超过当时热气球飞行的最高限制。赫斯时代的热气球飞行不像现代，可以携带缓解高原反应所需的氧气，赫斯不仅要克服缺氧、高寒、强风等恶劣条件进行测量、记录，还要指挥

图 2 赫斯乘坐热气球进行高空实验

热气球按照航线飞行。他的每一次飞行不仅是一次科学上的探险，更是对生命极限的挑战。在气球下的小小吊篮里，赫斯在罕有人至的高空，迎着风勇敢地测量，脚下是被云层覆盖的城市。这一幕被深深地刻印在一代又一代宇宙线实验科学家的脑海里。

赫斯的高空实验无疑是科学探索史上最为壮美的飞行之一。赫斯因为发现宇宙线获得了 1936 年的诺贝尔物理学奖，这也是宇宙线研究历史上的第一枚"诺奖"。诺贝尔物理学奖委员会指出："赫斯的发现开启了理解物质结构和起源的远景，证明了一种地球外穿透性辐射的存在——宇宙线，比发现辐射的粒子性和辐射强度随高度变化更加根本。"

宇宙线一经发现，就展示出其作为交叉学科的特性。从 1912 年至今的 100 多年中，宇宙线物理研究创造了辉煌的历史。现在，人们已经知道宇宙线的主要成分是来自宇宙空间的高能带电粒子流，包括以质子为主的各类元素的原子核及少量高能电子，其能量分布的跨度达 10 多个数量级（$10^5 \sim 10^{21}$ eV）。研究宇宙线本身，包括其化学成分、起源、加速和传播特性，在这 100 多年中始终都是重

eV 代表电子伏特，也称为电子伏，是高能物理常用的能量单位。1 eV 是一个电子（所带电量为 1.6×10^{-19} C）经过 1 V 电压加速后所获得的动能。位于北京的正负电子对撞机最高可以将电子加速到 2.48×10^9 eV（2.48 GeV）。位于日内瓦的大型强子对撞机最高能将粒子加速到 6.8×10^{12} eV（6.8 TeV），是目前人类加速粒子的极限。

要课题。

　　后来物理学家们发现，除非钻入千余米深的地壳深处或洞穴之中，否则地球上的万物每时每刻都会受到这些带电粒子持续不断的"轰击"，而且其单位面积的接收频度大得令人瞠目。在海平面观测时，频度约200赫兹每平方米，随着高度的增加，这一频度还在不断上升，在与世界屋脊青藏高原相同的高度时，频度约为1 500赫兹每平方米。

　　宇宙线自从发现以来，就是人类探索宇宙及其演化的重要研究对象，其链接着基本粒子的"极小"和宇观尺度的"极大"，正如物理学家格拉肖绘制的这条吞下尾巴的蛇，蛇尾代表粒子物理学的"极小"，蛇头代表宇宙学的"极大"（图3）。

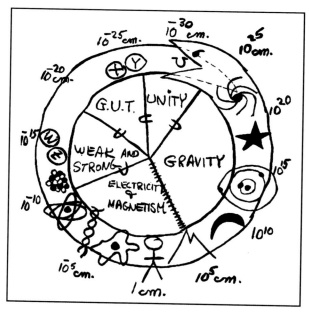

图3　《格拉肖之蛇》

物理学家格拉肖（Sheldon Lee Glashow，1932—　）手绘的《格拉肖之蛇》生动形象地描述了自然界的大统一理论。

无处不在、无时不有的"粒子阵雨"

科学研究表明，宇宙线不但强度惊人，而且每个粒子的能量也高得惊人。北京正负电子对撞机中每个电子／正电子的能量是 1.6 GeV，海平面大约 40% 的宇宙线粒子都高于这一能量。

迄今记录到的宇宙线粒子的最高能量达到 300 EeV，以接近光速的速度飞向地球，相当于一个质子携带了一个时速为 120 千米的棒球的能量，比人类制造的最大加速器——欧洲核子研究中心的大型强子对撞机产生的粒子能量还要高约 3 000 万倍，也相当于顶级网球选手全力打出的网球所携带的能量。

这个数据使人震惊，有人不禁要问：为什么地球上的万千生物在这么大能量的"攻击"下能安然无恙呢？

答案很简单，因为地球拥有一层结实的保护膜——大气层。

大气层，又称大气圈。众所周知，我们的地球是被厚厚的大气层包围着的。大气层的成分主要是气体，其中氮气约占 78.1%（体积分数，下同），氧气约占 20.9%，氩气约占 0.93%，还有少量的二氧化碳、稀有气体（氦气、氖气、氩气、氪气、氙气、氡气）和水蒸气。大气层的空气密度随高度升高而减小，越高空气越稀薄。大气层的厚度在 1 000 千米以上，没有确切的外部边界。整个大气层随高度不同表现出不同的特点，分为对流层、平流层、中间层、热层和外逸层等，再上面就是星际空间了。

有了大气层的保护，宇宙线粒子就无法直接落到生活在地球

图 4　宇宙线传播过程示意图

上的我们身上（图 4），而是先被大气中的原子核阻挡。宇宙线粒子在与大气层中的原子核撞击的过程中，把自己撞成了碎片。尽管如此，宇宙线粒子碎片的能量还是很高，它们再次与大气中的原子核碰撞，重复上述过程，形成数量众多的次级粒子。经过一二十次这样的剧烈碰撞，宇宙线粒子的超高能量就一点点地沉积在穿过大气的路途中，这个过程类似于原初的高能粒子在大气中形成了一阵"粒子雨"（图 5），总带电粒子数可达数十万兆（10^{11}）之多，遍布数千米乃至数十千米的范围，被称为"空气簇射"。

科学研究发现，宇宙线粒子的能量大小与数量多少服从一个简单的数学分布，即粒子的能量越高其数目越少。更准确地说，粒子

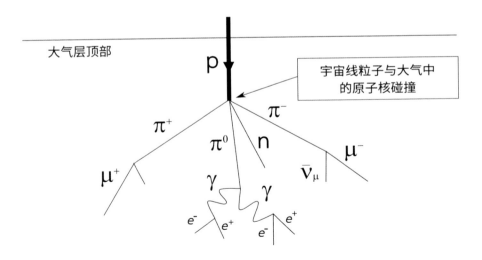

图 5 "粒子雨"的形成

带电宇宙线粒子（质子）进入大气层后，与空气中的原子核碰撞，产生大量的正负电子对、光子，以及少量的介子、质子和中子等，形成持续的次级粒子级联现象，形成一阵"粒子雨"落在地面。

的数目随能量按大约 10^{-3} 率谱下降，即能量高 10 倍，粒子数目就减少为原来的千分之一。图 6 中显示了迄今所有测量到的宇宙线流强（单位面积、单位立体角、单位时间内测量到的单位能量间隔内的粒子数目）随能量变化的变化。

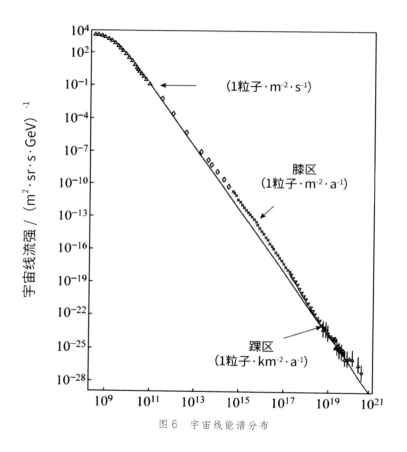

图 6 宇宙线能谱分布

从 1912 年宇宙线被发现至今，宇宙线物理研究有序展开。

宇宙线是福还是祸？

　　当宇宙线到达地球时，会被大气层阻挡，但是宇宙线会因此对我们毫无影响吗？显然，宇宙线作为宇宙组成的一部分，在包括地球演化、人类演化在内的宇宙演化史中，扮演着重要的角色。事实证明，宇宙线在方方面面对我们的日常生活都造成了不同程度的影响。

　　宇宙线具有足够的能量导致电子集成元件出错，尤其是直接暴露在宇宙线中的空间探测器。当来自宇宙线中的单个高能粒子击中半导体器件灵敏区，就会引起器件逻辑状态翻转，使"0"变成"1"，或者"1"变成"0"，这在电子学中被称为"单粒子翻转事件"。尽管这不会对器件造成物理性的损伤，但会使信号或数据出错。这种错误最容易发生在以硅基半导体材料制造的内存盘或中央处理器（CPU）上。美国的IBM公司在20世纪90年代的研究表明，计算机的256 MB存储器通常每月会遇到大约1次由宇宙线引起的错误。我国于 20 世纪 90 年代发射的气象卫星风云一号 B 星，经历多次单粒子翻转事件，卫星正常运行 165 天后，星载计算机突发故障，引发卫星姿态控制系统失控，后经抢修恢复正常工作。随着小型高性能半导体的电子设备使用变得越来越普及，出错的情况更加频繁，临时故障有时会导致计算机和手机死机。日本 NTT 公司声称，由宇宙线引起的日本国内网络通信设备故障每年有 30 000 ~ 40 000 起。

近几年的一些研究表明，高能宇宙线在大气中产生的缪子和背景伽马辐射会严重影响量子计算机的性能。2020 年 7 月，美国麻省理工学院林肯实验室和太平洋西北国家实验室的研究人员发现，量子计算机中的基本逻辑元件——量子门的性能受到来自宇宙线的严重威胁，并把这一研究发表在美国《自然》（Nature）杂志上。该报告称，宇宙线次级粒子发出的低水平背景辐射足以引起量子门的退相干。如不对其加以干预，量子门的基本功能将在几毫秒内失效。为了克服宇宙线对计算机的影响，科学家们提出设计抗辐照的量子位元，或者直接将量子计算机建造在地下低辐射本底环境中，免受辐射。

宇宙线是载人航天器非常大的麻烦之一。即便是没有直接暴露在宇宙空间的飞行器也会受宇宙线影响。宇宙线辐射不仅对空间探测器上放置的电子设备构成威胁，而且对人体会形成永久伤害。

实验表明，喷气式客机的飞行高度一般为 12 千米，乘客和机组人员所接触的宇宙线剂量至少是海平面上人们所接受的宇宙线剂量的 10 倍。普通民用航空的空乘人员受到宇宙线伤害的概率明显高于地面工作人员，很多航空公司明令怀孕的女乘务员停止飞行工作。途经地磁两极的极地航线飞机尤其面临辐射风险。

很多自然现象的形成也和宇宙线密不可分。相关研究表明，宇宙线与闪电的触发有关。根据观测，雷雨过程中在云层中形成的电场通常太弱，不足以引发大气层的电击穿形成闪电，但宇宙线可以在闪电的形成中发挥令人惊讶的作用。

据有些研究推测，宇宙线可能是重大气候变化和大规模生物灭绝的原因。太阳系附近的超新星爆发产生的强烈宇宙线辐射，导致了 4.4 亿年前奥陶纪约 60% 的物种灭绝；260 万年前上新世海洋巨型动物的灭绝，也是类似的宇宙线爆发所引起。学术界也有观点认为，宇宙线的通量会影响云的形成速度，是全球变暖的诱因之一。

似乎宇宙线给我们带来的都是灾难，"祸"大于"福"，但如果真是这样，人类或许就没有机会站在地球上研究宇宙线了。研究表明，宇宙线深度参与了物种进化，新物种的产生离不开宇宙线的影响。我们熟知的太空育种就是利用了空间的宇宙线辐射和失重等特殊环境，诱发基因的改变，获得改良品种。宇宙线无处不在，在生命数十亿年的演化进程中，它本身就是构成"我们"的一部分。

宇宙线的神秘面纱

　　赫斯的发现让人们更多地关注头顶的这一片天空，同时掀起了一股从宇宙线中搜寻新粒子的发现狂潮。在宇宙线被发现后 100 多年的时间里，科学家们或翻越山脉在高山上布置探测器，或乘着热气球飞向高空，他们从大量的云雾室照片和核乳胶照片中，仔细分

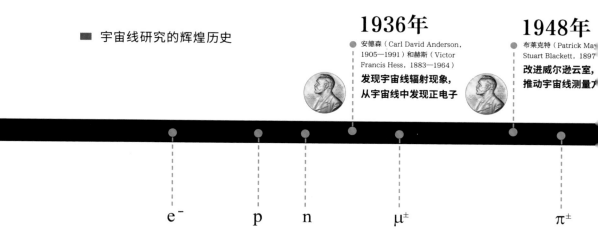

■ 宇宙线研究的辉煌历史

1936年
● 安德森（Carl David Anderson, 1905—1991）和赫斯（Victor Francis Hess, 1883—1964）
发现宇宙线辐射现象，从宇宙线中发现正电子

1948年
● 布莱克特（Patrick May Stuart Blackett, 1897）
改进威尔逊云室，推动宇宙线测量

e^-　　p　n　　　　$\mu^\pm$　　　　　　　$\pi^\pm$

通过对宇宙线的研究，人类发现了大量的基本粒子，重新认识了身边的物质世界，新的发现催生新的学科，粒子物理学，即高能物理学诞生了。关于宇宙线的相关研究至今产生了 5 个诺贝尔奖。

辨宇宙线的踪迹，通过从成千上万条径迹中寻找蛛丝马迹，大量新粒子和新现象被发现。人类在宇宙线观测中发现了最早的一批基本粒子，如正电子、缪子、π介子等。物理学家们从浩如烟海的径迹信息里寻找着这些日后将会作为标准模型诞生的基石。

　　宇宙线作为人类目前能从宇宙深处获得的唯一物质样本，被称为传递宇宙大事件的信使。宇宙线对于地球来说，绝对算得上是"天外来客"。发现宇宙线后，找到信使的来处就成为人类百余年来孜孜以求的重要命题。人类受好奇、求知的天性所驱动，对宇宙线产生了一系列疑问：这些粒子到底是什么？它们来自何方？是什么样的物理过程将这些粒子加速到拥有如此之高的能量？这些粒子为何能在横跨十多个数量级的宽广能量范围内满足如此简单的幂律谱分布？这些粒子从其发源地传播到地球的遥远路途当中都经历了怎样的宇宙空间环境？

　　这些伴随着宇宙线粒子的发现而提出的问题，它们的答案决定

1950年

鲍威尔（Cecil Frank Powell，1903—1969）

发明了核乳胶照相技术，在宇宙线测量中发现π介子

2002年

戴维斯（Raymond Davis Jr.，1914—2006）、小柴昌俊（Masatoshi Koshiba，1926—2020）和贾科尼（Riccardo Giacconi，1931—2018）

在宇宙线测量中发现中微子

2015年

梶田隆章（Takaaki Kajita，1959—　）和麦克唐纳（Arthur Bruce McDonald，1943—　）

发现中微子振荡，表明中微子有质量

$$\pi^0 \quad \Lambda^0 \quad \Sigma^\pm \quad \bar{p} \quad \nu^e \quad \Sigma^0 \quad \bar{\Lambda}^0 \quad \rho \quad \nu_\mu \quad \alpha_2$$
$$K^0 \quad \Delta \quad \Xi^- \quad \bar{n} \quad \Xi^0 \quad \omega \quad \phi \quad \eta^- \quad \Omega^-$$
$$K^\pm \quad f$$

着人们对宇宙形成、演化的认识，决定着人们对物质世界的构成及其相互作用的认识。这些来自天外的神秘粒子——宇宙线——真的成了牵动高能物理向前发展的"线"，而且是牵动了多个学科并贯穿其间的关键之"线"。因此，若能参透宇宙线的奥秘，解答以上问题，那么不仅能把存在于高能物理中宇宙线的问题解决，还有可能为其他学科中的各类问题解惑，或者为它们的发展纾困。

在宇宙线发现后的 100 多年里，科学家们可谓是"上天入地"、历尽艰辛。他们通过观察宇宙线不断发现新粒子，同时，利用人工技术制造"宇宙射线"的想法也变成了现实——就是我们现在熟知的粒子加速器技术和对撞机谱仪技术，这些技术直接催生了粒子物理学这门崭新的学科。探究这些粒子的过程也推动了量子力学的发展，新的宇宙观、物质观极大影响了 20 世纪的人类文明。

不仅如此，宇宙线，又称"宇宙射线"，是来自宇宙空间的高能带电粒子和光子流。之所以被称为射线，是源自它曾被认为是电磁辐射的历史。那些来自深太空与大气层撞击的粒子被称为"初级宇宙射线"，它的成分在地球上一般都是稳定的粒子，如质子、原子核或电子；但是，有非常小的比例是稳定的反物质粒子，如正电子或反质子。科学家发现，大约 89% 的宇宙线是单纯的质子或氢原子核，约 10% 是氦原子核或阿尔法粒子，在其余的 1% 中，电子占了绝大部分，伽马射线和超高能中微子只占极小的一部分。

在宇宙线被发现后的几十年里，它一直是高能粒子的唯一来源，到了 20 世纪 50 年代，人工加速器成为产生高能粒子的主要工

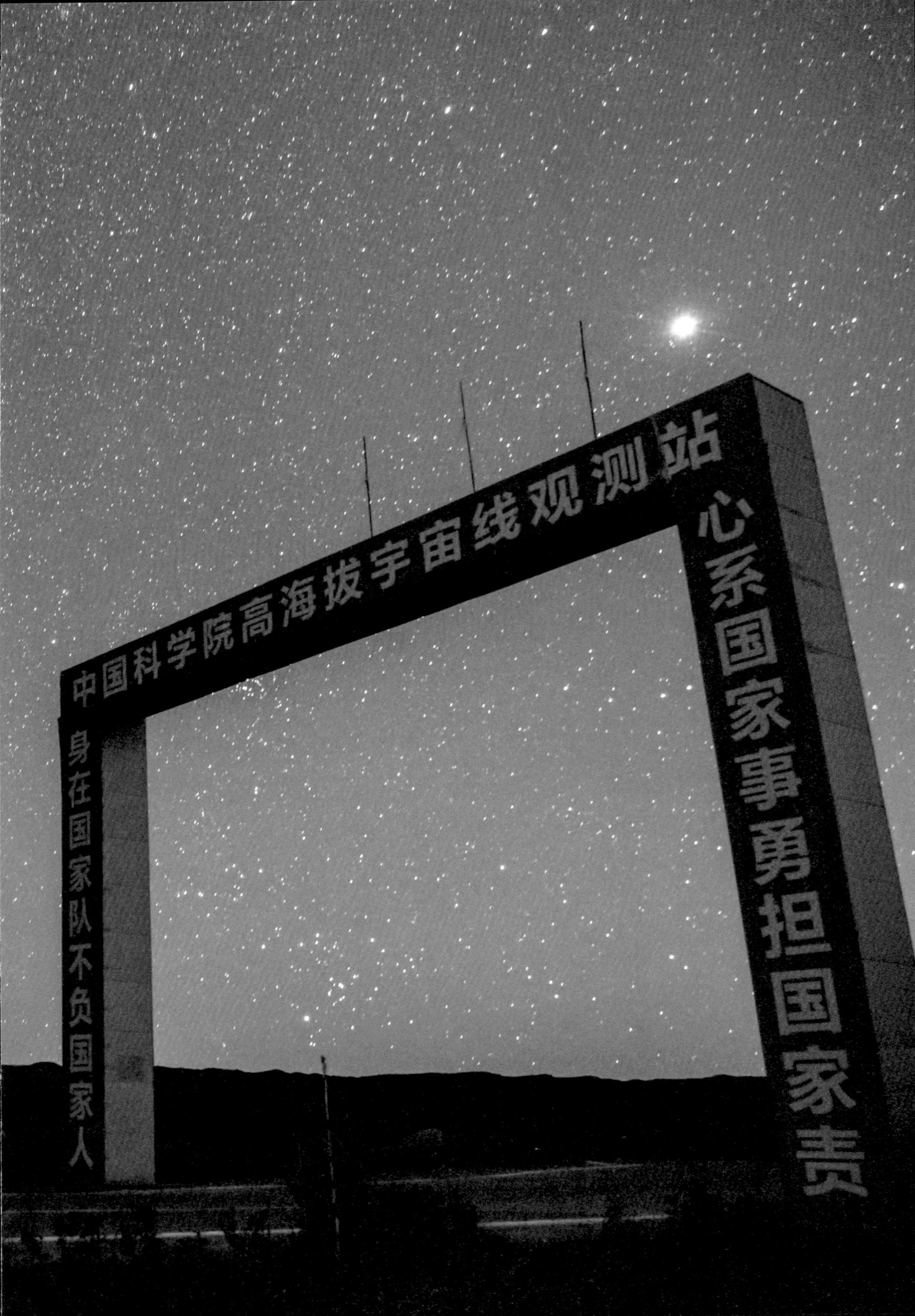
中国科学院高海拔宇宙线观测站
身在国家队不负国家人
心系国家事勇担国家责

具。随着加速器技术的不断进步，粒子物理学在 20 世纪飞速发展。
当初劳伦斯（Ernest Orlando Lawrence，1901—1958）在 20 世纪 30
年代使用的回旋加速器只能将粒子加速到 80 keV，而位于欧洲核子
中心的大型强子对撞机，目前可以将粒子加速到 6.8 TeV，是当年
的一亿多倍。人工实验技术极大地丰富了基本粒子"家族"，粒子
物理学"标准模型"的大厦几近落成。相比之下，对宇宙线作为高
能粒子唯一来源历史角色的研究似乎逐渐淡出了科学家们的视野。
然而，加速器技术的发展带来的不仅是设施体量越来越大，成本越
来越高，最主要的是没有新的加速技术出现之前，人类加速技术的
"天花板"就在眼前了。粒子物理学家梶田隆章（Takaaki Kajita，
1959— ）认为："未来粒子物理的重要方向之一，是暂且抛开人工
实验，重新开始像过去观测宇宙线那样的自然观测。"当然，通过
人工加速手段得到的启示也在反哺宇宙线研究，帮助人们将与宇宙
线相关问题的理解提升到新的高度，也大大丰富了这一问题本身的
内涵。同时，天文学也在发展，关于宇宙线产生的问题也得到了天
文学界的关注，成为当代天文学最关注的基本问题之一，即高能天
体现象相关的辐射机制、演化行为等。

宇宙线来自何方

　　宇宙线像一位神秘的使者，最初我们连"他"是来自于地球还是地球之外都无法判断。现在，我们知道"他"来自于广袤的宇宙空间，其中超高能量的粒子还可能来自于完全不同于太阳系的极端环境。自从发现宇宙线以来，人们一直在试图说清楚这位神秘使者来自何方，是在哪种或者说是在哪一类天体物理环境下产生了如此高的能量。因为出身不明、发源地不详，所以其他关于粒子源头的问题也无法得到完满、清晰的答案。如果人们能够确证这些源天体，或者这类源天体，就可以集中所有的观测手段对源区进行深入的观测研究，我们就可以向这种具有超强能力的"宇宙加速器"学习，掌握其加速原理，造福人类。

　　在宽广的宇宙线能谱上，几处微妙的结构预示着宇宙线有着不同的来源。如今我们已经知道，能量低于 1 GeV 的宇宙线粒子主要来自太阳这颗离我们最近的普通恒星。但此外，人们未能确认大多数宇宙线粒子发源于何处。这些粒子的来源可能是太阳或者其他恒星，也可能来自更遥远的宇宙，人们对它们产生的机制也是不清楚的。

对宇宙线的探测从一个物理学家自制的一只手就可以提起的实验设备，一直发展到今天可以覆盖3 000平方千米巨型实验的奥格尔（Auger）；从直接探测原初宇宙线粒子的卫星探测器（DAMPE），发展到位于南极冰下2～3千米深、体积约为1立方千米的巨型中微子望远镜"冰立方"（IceCube）（图7）。人类不满足于已知，想对宇宙线了解更多。尽管世界各国对宇宙线的研究付出了大量的人力、物力成本，但宇宙线的起源始终为未解之谜。

图7　南极洲冰层之下的"冰立方"（IceCube）中微子望远镜示意图

在某种意义上，宇宙线的起源问题也给现在和未来的科学家们提供了更大的想象空间和探索的可能性。学界根据不同的研究方向所针对的不同问题，将关于宇宙线的研究进行了更细致的分化，逐渐发展壮大形成了几个重要的研究领域。

追究宇宙线的起源之所以难，主要因为宇宙线粒子成分中，带电粒子占绝大部分，而广袤的宇宙中到处都分布着磁场，带电粒子易受磁场的影响，加上这些带电的宇宙线粒子的传播路径确实漫长，在传播的过程中，不断被磁场干扰，不断发生偏转，必然失去发源地的方向信息。我们无法通过接收到的带电粒子现有的路径来反推其出发地，是目前寻找宇宙线起源的最大难题。

基于人们对宇宙线长期观测、研究的结果，我们已经知道，到达地球的原初宇宙线粒子主要是各种原子核，以氢核（即质子）居多，包括约十万分之一的光子和更多一些的电子，以及为数不多的中微子。光子和中微子因不受星际磁场偏转的影响，成为最理想的信使候选者，是探源的最佳媒介。

因此，在观测中收集宇宙线的电中性粒子的工作就变得尤其关键。当宇宙线粒子的能量高到一定的程度，最高能量的粒子在宇宙磁场中的偏转微小到可以忽略，就可以用来探索其产生的源头了。电中性的伽马光子、中微子，以及荷电的超高能原子核成为直接指向宇宙线源头的三种理想信使，形成了当今宇宙线研究的三大前沿领域——以覆盖3 000平方千米的奥格尔实验为代表的极高能宇宙线粒子天文学、以1立方千米大小的南极"冰立方"实验为代表的超高能中微子天文学和以探测对象为仅占宇宙线十万分之一的甚高能光子的伽马天文学。此外，近年来，引力波作为一种开展宇宙学研

透过夜空，我们看到过往，
洞见不可预期的未来

《拉索·新发现 全球首次打开十万亿电子伏波段的伽马射线暴观测窗口》
获得第 33 届中国新闻奖新闻摄影三等奖（《四川日报》何海洋 摄）

究的新信使发展迅速。

上述三大前沿领域中，尤以甚高能伽马天文学发展得最为充分。已经确认的能够发射能量高于 100 GeV 光子源的数目超过 300 颗。从 1989 年发现第一颗这类高能辐射源蟹状星云以来，它保持了新发现的源数目随时间指数增长的骄人纪录，成为当今高能物理和高能天体物理中最具有活力、最具有出现重大突破可能的活跃领域之一。

追宇宙里的光

　　随着人类对宇宙线研究的深入，探索宇宙的大门终于慢慢打开。探测宇宙线的手段不断更新，可以"上天"，用粒子探测卫星寻找；可以"下海"，在水下或南极冰层安装巨型中微子望远镜；也可以"上山"，在高海拔地区布置规模宏大的探测器阵列。

　　根据之前的研究可知，在我们要找的"宇宙加速器"周围，存在物质或磁场的分布。当高能的带电粒子从源区产生后，会和这些星际物质发生相互作用，其产物中存在两种稳定的中性粒子，即伽马光子和中微子。相比被称为"幽灵粒子"的中微子而言，光子是最传统的宇宙信使，人类借助它不但可以直接看见遥远的天体，还可以监测其变化从而了解天体演化规律。宇宙中大多数高能活动中，超新星爆发、活动星系核、黑洞、伽马射线脉冲星、暗物质等事件的发生，均伴随着强烈的伽马辐射，正因为伽马辐射如此重要，基于伽马探测技术发展的"伽马天文学"成果卓著。

伽马天文学就是以伽马光子作为信使的天文学研究。

伽马光子是一种高能射线，人们熟知的是伽马光子被广泛使用于癌症的放射性治疗上。之前因为技术所限，伽马天文学的发展缓慢，在20世纪四五十年代宇宙伽马射线探测器出现以前，天文学家就曾预言，一些天体物理过程可以产生伽马射线辐射，如宇宙线与星际物质的相互作用、加速电子和磁场相互作用、超新星爆炸等。1967年，一颗名为"维拉"（Vela）的美国军方人造卫星首次观测到了宇宙空间中的剧烈辐射，这是人类首次看到伽马射线暴（以下简称"伽马暴"）。后来伽马射线探测器被放到卫星上，发现新源的数目为50多个并保持指数增长，伽马天文学真正迎来了蓬勃的发展。1972年，科学界首次给出了具有统计意义的伽马射线辐射测量结果，发现了蟹状星云、Vela星云，以及脉冲星的周期信号，标志着伽马天文学研究的真正开始。之后科学界采用了不同的探测手段，在几年的时间里，发展出了探测能量高了近100万倍的甚高能光子的地面探测系统。到了20世纪80年代末，大气切伦科夫望远镜第一次观测到蟹状星云，发现了第一颗高能辐射源，甚高能伽马天文学飞速地发展起来，开启了一个全新的天文观测太电子伏（TeV）级时代。

国际上目前采用两种常见的方法探测这些甚高能伽马光子。第一种方法是大气切伦科夫望远镜技术，通过记录大气簇射中的次级粒子发出的切伦科夫光（图8），反推进入大气顶端的高能伽马射线。第

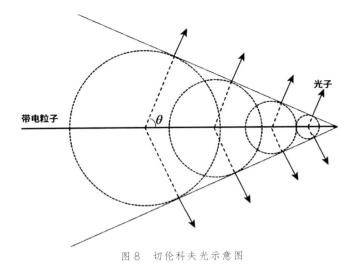

图 8　切伦科夫光示意图

二种方法是在地面上布置一定规模的探测器阵列，通过记录伽马光子进入大气后所产生的广延大气簇射次级粒子，反推原初伽马射线的方向和能量。

　　大气切伦科夫望远镜技术是一种通过探测空气簇射中的带电粒子所激发的切伦科夫辐射光来对整个空气簇射发展过程进行成像的探测技术，在伽马天文学中的应用开始于 20 世纪 50 年代。前文提到过，当宇宙线中的粒子在大气层中穿行时，不断与空气分子碰撞产生次级带电粒子，原初的伽马光子能量高达 1 TeV 左右时，光子打到大气中的原子核上，产生空气簇射，空气簇射中的总带电粒子数目可以达到 1 000 个，大多数带电粒子都以超过空气中光速的速度飞向地面，并在沿伽马光子入射的方向几度的范围内产生切伦科夫辐射"光锥"。我们只需要把探测器放在"光锥"之内，通过收集切伦科夫光，就可以重建出产生簇射的原初伽马光子的方向和能量，实现对能量大于 100 GeV 甚高能光子的探测，获取发射源天体的信息。20 世纪 90 年代末期，立体成像技术的突破和望远镜口径的扩大，使得大气切伦科夫望远镜的灵敏度大大提升。此后，大气切伦科夫望远镜阵列进入快速发展时期，切伦科夫成像技术已然成为伽马天文学研究的重要手段，新的实验蔚然兴起，并在伽马射线观测领域取得了一系列重要成果，比较知名的有位于南半球的 HESS 实验（德国）、KANGAROO 实验（日本与澳大利亚）和北半球的 MAGIC 实验（德国与西班牙）、VERITAS 实验（美国）等。

广延大气簇射阵列是在广阔并且平坦的区域投放一定数量的粒子探测器，对簇射的次级粒子前锋面进行取样测量，记录次级粒子到达的时间、粒子的密度分布和电荷等信息，从而分析并重建出原初粒子的方向、能量，以及成分。相比于成像望远镜，广延大气簇射阵列的视场更大，随着探测器规模的增加，探测的能段也可以更高，并且可以全天候不间断探测，大大提高了测量的统计量。著名

位于美国犹他州的地面阵列 CASA-MIA 实验
由闪烁体探测器 CASA（地面白色方块）和埋在地下的缪子探测器 MIA 组成，于 20 世纪 90 年代退役。

的广延大气簇射阵列实验有西藏羊八井宇宙线国家野外科学观测研究站（以下简称"羊八井观测站"）的中日合作 AS γ 实验和中意合作 ARGO-YBJ 实验等。凭借广延大气簇射阵列的大视场、全天候优势，可以同时观测多个点源及监测其光变，实现伽马巡天观测。在大范围内搜寻高能辐射现象，无疑是破解宇宙线起源最有效的方式。成像望远镜有高角分辨率和高能量分辨的优势，如能将两种技术路线结合，不仅能迅速捕捉宇宙中的爆发过程，还可以获得源区高分辨图像和精确的能谱分布。

位于加那利群岛的大型大气成像切伦科夫望远镜（MAGIC）

在黑暗的宇宙中，遥远的天体正在不断地发射高能量的伽马光子，地球上的探测器也无时不在注视着这些天体，从伽马信使中获取源头的信息。伽马天文学的兴起，不仅给不断探索的科学家们带来了一条新的线索，也给漆黑的宇宙带来了一缕光，透过这缕光，我们或许能够窥见宇宙线的发端。

仰望星空

我国宇宙线研究的前世今生

时光荏苒，岁月如诗，人类文明追光的脚步未曾停止，但这段旅程和人类几千年的历史相比实在算不上漫长。100 多年前，宇宙线的发现改变了人们对宇观和微观世界的看法，也打开了眼界，粒子物理学的诞生更是将物理学的研究提高到前所未有的水平。

中华人民共和国成立之初，在此领域业已成果卓著的几位前辈，组织起了中国本土第一支宇宙线研究队伍。可惜的是，后来近20年的时间中国的相关技术与日新月异的国际新技术之间的差距被拉大，中国的宇宙线研究进入了艰难的摸索期。

　　改革开放为科技振兴提供了契机，中国第二代的宇宙线研究者抓住机遇，复兴中国宇宙线研究事业。而今，国家把科技创新摆在国家发展全局的核心位置，在科技领域的投入持续增加。我国的宇宙线研究迎来又一次机遇，从"并跑"走向"领跑"。

开启中国宇宙线观测时代

20 世纪初宇宙线的发现，改变了人们对宇观和微观世界的认知。

全世界这一领域的科学家们都在一股"发现"热潮的鼓舞下，满怀信心地向未知世界进发。自 1947 年起，宇宙线委员会（C4）每两年指导举办一次国际宇宙线大会（ICRC），各国科学家云集，发表演讲、讨论新成果。在人类 100 多年的宇宙线研究中，中国处于什么样的地位，中国的科学家们都做过什么，中国的宇宙线观测水平在世界上处于什么地位，应该是我们都比较关心的问题。

实际上，早在 20 世纪三四十年代，就有中国的杰出青年在世界顶级物理学家的实验室工作，后来他们的老师、同学也有人先后获得了诺贝尔物理学奖。在宇宙线研究蓬勃开展的年代，他们因为自己的国家处于战争中，错过了重要的学术研究时间——那时的中国，因为战争，没有条件参与宇宙线的国际研究。

两年一届的国际宇宙线大会自 1947 年开始举办，历经了半个多世纪，中国一直无缘参与，直到羊八井观测站的崛起才打破这一局面。第 32 届国际宇宙线大会于 2011 年 8 月在北京成功召开。自此，国际宇宙线学界出现了越来越多的来自中国的声音。

2021 年，中国的科学家在自己设计建造的探测装置上，发现了银河系普遍存在千万亿电子伏级的"宇宙加速器"，从此开始，中国的宇宙线研究赢得国际话语权。让我们翻开中国宇宙线研究的历史，在前人栽种的树木中一窥我国宇宙线研究的丰硕成果。

我们不是"从零开始"

　　追溯我国的宇宙线研究历史，会发现它几乎与中华人民共和国同龄。1949 年 11 月，开国大典一个月后，中国科学院在北京成立。半年以后，1950 年 5 月 19 日，中国科学院近代物理研究所也在北京成立，吴有训任所长。1951 年，中国科学院近代物理研究所成立了宇宙线组，由王淦昌（1907—1998）、肖健（1920—1984）负责。1953 年 10 月，中国科学院近代物理研究所改名为中国科学院物理研究所，钱三强（1913—1992）曾任所长，研究所设有高能研究室，包括宇宙线组和加速器物理实验组，王淦昌、张文裕（1910—1992）先后任室主任。1958 年，中国科学院物理研究所又更名为中国科学院原子能研究所，由中华人民共和国中央人民政府第二机械工业部（以下简称"二机部"）和中国科学院双重领导，以二机部为主。

中国宇宙线研究起点很高，羊八井观测站首席科学家谭有恒研究员将这个起点比作"大师们播下的种子"。

1951 年，我国本土首个宇宙线研究组设立在当时的中国科学院近代物理研究所，组长是王淦昌，研究组的主要设备是赵忠尧（1902—1998）从美国带回国的一台 50 厘米多板云雾室，当时的中国只有这一台多板云雾室。云雾室常被称为云室，是一种早期的核辐射探测器,也是最早的带电粒子径迹探测器。因为云室的发明者是英国物理学家威尔逊（Charles Thomson Rees Wilson，1869—1959），也被称为威尔逊云室。威尔逊早在 1895 年就设计了这种使水蒸气冷凝来形成云雾的设备，在 1912 年时，他为云室增设了拍摄带电粒子径迹的照相设备，并用它拍摄了阿尔法粒子的图像，使它成为研究射线的重要仪器。那一年，恰恰也是宇宙线被发现的年份。威尔逊云室也使威尔逊获得了 1927 年诺贝尔物理学奖。

王淦昌 1929 年毕业于清华大学物理系，在留校任助教期间就发表了中国第一篇有关大气放射性实验的研究论文。1931 年，王淦昌在德国提出可能发现中子的实验设想，那时他还是个研究生。英国科学家查德威克（James Chadwick，1891—1974）按照王淦昌当时提出的思路进行实验，在 1932 年最终发现了中子，并由此获得 1935 年诺贝尔物理学奖。王淦昌在刚组建的宇宙线组带领大家用多板云雾室做了电子光子簇射观测和寻找长寿命带电超子等实验后，被调到苏联杜布纳联合原子核研究所，从事基本粒子研究工作，之后参加"两弹"工作。

赵忠尧 1927 年在美国加利福尼亚理工学院，跟随导师密立根（Robert Andrews Millikan，1868—1953）教授读博士。1929 年，他在实验中发现了硬伽马射线在重金属物质中的反常吸收现象。1930 年，在鲍文教授的帮助下，为研究硬伽马射线与物质相互作用的机制，赵忠尧开始设计实验观测重元素对硬伽马射线的散射现象，并首次发现了特殊辐射。赵忠尧发现的硬伽马射线通过重元素时产生的反常吸收和特殊辐射，实际上是正负电子对的产生和湮灭过程的最早实验证据，这是人类历史上第一次观测到了直接由反物质产生和湮灭所造成的现象。赵忠尧的实验是用放射源做的，对宇宙线研究的贡献巨大，并直接启发了他的同门师弟安德森（1936 年诺贝尔物理学奖得主之一）的思路——利用磁云雾室于 1932 年发现了正电子；甚至引发了布莱克特（1948 年诺贝尔物理学奖得主）和奥基亚利尼（Giuseppe Paolo Stanislao Occhialini，1907—1993）在英国的相关研究。此外，赵忠尧于 20 世纪 40 年代末在麻省理工学院利用多板云雾室得到的簇射照片曾被学界广泛引用，其中一例是在铅板中的核作用，伴随着两个穿透性次级粒子和两个电磁簇射生成，后者很可能是源于一个中性 π 介子衰变成的一对伽马光子，这些都是中国宇宙线研究入门的学习经典。

张文裕 1934 年到英国剑桥大学留学，后来在抗战时期回到祖国，辗转到西南联合大学任教，讲授原子核物理课程。1943 年，应美国普林斯顿大学的邀请，张文裕赴美国继续从事核物理研究和教学。普林斯顿大学帕尔默（Palmer）实验室是物理学家的摇篮，是美国有着长久沉淀的实验室之一，后来改名为亨利实验室，许多著名物理学家曾在这里工作过。张文裕在这个实验室里工作了七年，主要做两个方面的研究工作：一是与罗森布鲁姆（R.Rosenbloom）合作建造了一台阿尔法粒子能谱仪，并利用这台仪器测量了几种放射性元素的阿尔法粒子能谱；二是进行缪子与核子相互作用的研究，在研究过程中发现了缪子原子，从而开始了关于奇异原子领域的深入研究。1950—1956 年，张文裕系统研究了海平面的大气贯穿簇射，并对 Λ^0 奇异粒子做了系统全面的研究，同时指导研究宇宙线引起的高能核作用，并利用高能加速器进行粒子物理及核物理方面的研究工作。1956 年，张文裕辗转归国，领导国内的宇宙线研究工作。

曾是安德森学生的肖健在张文裕回国前担负着我国宇宙线研究实际领头人的职责。在肖健的主持下，在云南东川落雪山矿区 3 185 米处建成了中国科学院原子能研究所落雪山实验室（以下简称"落雪山实验室"），以赵忠尧带回国的那台 50 厘米多板云雾室和他主持于 1956 年建成的一台 30 厘米磁云雾室为主要设备，带领吕敏、郑仁圻、霍安祥、郑民等在 20 世纪 50 年代后半期开展奇异粒子的寻找工作，并指导一批年轻的科学工作者在 20 世纪 60 年代初开展宇宙线高能核作用研究。其间共有 500 多个奇异粒子被找到。

为了全面、完整地研究高能宇宙线粒子引起的高能核作用，1958 年张文裕提议在云南高山站增建一个大云室组。他利用从国外带回建造云室用的高级平面玻璃和一些实验工具，领导工作人员建成由三个云室组成的一个大云室组，中间一个有磁场。大云室组选点于距落雪实验室 9 千米的一个独立山头的大云雾室附近，计划以一个 1.2 米上云室作靶室并测初粒子的游离，以一个 1.5 米磁云室作中云室测粒子动量（最大可测动量小于 0.1 TeV），以一个 1.7 米 × 2.0 米多板室作下云室观测次粒子的次级效应以分辨其性质。大云室组建成后，发现了一个质量可能是质子质量 10 倍的重粒子。在 20 世纪 50 年代，这个大云室组应该是国际上最大、最完善的一套云雾室组合了，我国也因此培养了一批宇宙线研究人才。

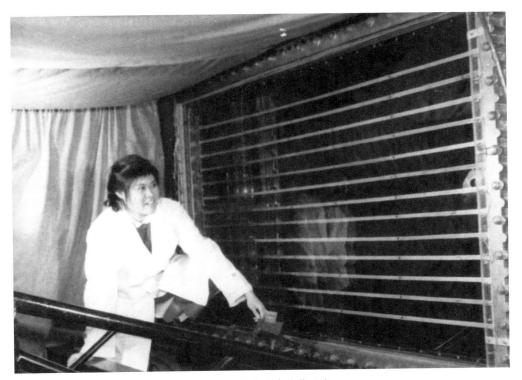

实验站工作人员在维修云室

　　但是因为"三年困难时期"，这个大云室组一直到 1965 年下半年才建成，当时的所长钱三强宣布了中国科学院原子能研究所云南站（以下简称"云南站"）的成立。但是后来的近十年，这个工作站没有得到多少成果，只有 1972 年的"一个可能的重粒子事例"。在中国宇宙线高能物理停滞不前的这一时期，张文裕亲口讲述过这样一个真实发生的故事：在 20 世纪 60 年代的一次国际宇宙线大会上，有西方学者就中国的宇宙线研究情况向某位著名的苏联学者提问时，后者懒得说话，只是举起双手比了一个大大的"零"。这是一段令人深感屈辱和愤慨的往事，这个"零"的手势在后来的中国宇宙线研究者们心里留下了一根深深的刺。张文裕每每提及此事，激愤之情都溢于言表，老先生总是连说："我们不是零！我们不是零！"我们有起点那么高的前辈奠基人，我们率先建了世界领先的云雾室组，但当时国际上的高能加速器已逼近了我们大云雾室工作的太电子伏（TeV）能区，以张文裕为代表的科学家们难免意难平。

　　当国际宇宙线研究繁荣发展的时候，中国的研究几乎处于停滞状态，未能在 20 世纪 50 年代创造的大好基础之上保持优势更进一步。在那些年里，我们尽管不是"零"，但接近于"零"。1972 年，要发展高能物理，周恩来总理非常重视建造高能粒子加速器这件事，他批示"这件事不能再延迟了"。1973 年 2 月，根据周恩来总理的指示，在中国科学院原子能研究所一部的基础上组建中国科学院高能物理所，中国科学院原子能研究所一部改名，成为中国科学院高能物理研究所（以下简称"高能所"）。张文裕是高能所的第一任所长。后来高能所的粒子天体物理中心就是由当时的宇宙线室发展出来的。由周总理亲自指示的这次机构调整，表明了国家当时对原子能和高能物理研究的态度和决心，也说明国家已经意识到发展科技的重要性。

随着科学研究局面逐步打开，当我们正视研究工作时，发现当时国内的水平已经与国际水平有了很大的差距，我国宇宙线研究已经被边缘化了。之后近 40 年，我国在国内多家高等院校和研究所扩充宇宙线研究队伍，大力发展科研力量，正视已经存在的劣势，埋头研究，努力缩小差距。中国科学家要挽回颓势，实现复兴，除了面对现实、了解国际发展态势、发展技术和发挥自身优势外，还要找到新的主攻方向和实验手段。

从落雪山到念青唐古拉山

宇宙线科学是一门实验科学，没有自己的设备，得不到一手的实验数据，宇宙线研究不可能有原创性的成果产生。中华人民共和国成立之前，我们没有成规模的宇宙线实验。中华人民共和国成立以后，我国高山宇宙线实验研究发展分成三个阶段，每个阶段都以建造大型实验设备为标志。

云南东川落雪山宇宙线实验室

1952 年，为了配合我国第一个五年计划，中国科学院近代物理所相应制订了"1953—1957 计划"。宇宙线组根据学科当时的发展方向，计划在五年内以"宇宙线与物质作用"为发展的重点，逐步扩展到"宇宙线的强度"，特别是"宇宙线的成分"和"原射线"的研究上去。具体实施办法是先掌握用云雾室研究穿透簇射和重介

云南东川落雪山宇宙线实验室
1954 年在云南东川落雪山海拔 3 180 米处建立了宇宙线实验室，先后安装了多板云雾室、磁云雾室和大云室组，利用宇宙线开展高能物理研究。

子的性质；进而以乳胶及计数管进行此种研究；若能力可及，还拟放气球载乳胶至高空，以研究宇宙线的原射线问题；用游离室及正比计数器记录宇宙线的强度随时间变化；等等。

研究高能粒子与物质作用所需要的宇宙线的成分，在海拔 3 000 米的地方收集到的质量约为海平面的 10 倍。基于此，宇宙线组马上确定了设立高山站的计划。选址要求海拔高、气候温和，并且能提供云室所需要的电能。

在素有"铜都"之称的云南东川，有一座海拔 3 222 米的山，因为当地很少下雪，而这座山曾有过降雪记录，故名落雪山。落雪山的气候条件适宜，抗战期间北平研究院南迁昆明，从事地球物理研究的顾功叙（1908—1992）、王子昌等人曾在此进行过铜矿探测工作。1954 年，在铜矿附近海拔 3 180 米处，肖健带领吕敏等几个大学生建成了我国第一个高山宇宙线实验室，安装了小磁云雾室和赵忠尧带回来的多板云雾室，开展奇异粒子和高能核作用的研究工作。吕敏等人每天做的事情，就是在高山实验室中守着云雾室，在显微镜下观察几万张云雾照片，在枯燥重复的劳动中寻找少量奇异粒子的径迹。在 20 世纪 50 年代，他们就这样一点点地，共收集了 700 多个奇异粒子事例。当时，这个成绩绝对在国际上名列前茅。

开展宇宙线研究必须拥有足够的设备，一个云雾室显然不够。张文裕提出，在落雪山实验室增建一个较大的云室组。在他的领导下，利用从国外带回来的两块高级平面玻璃等云室材料，经过肖健、力一、霍安祥等人的努力，在原来的云室附近增建了一个大型云室组。该云室组由三个大型云室和一个大型电磁铁组成，设备主体总质量近 300 吨，是当时世界同类装置中规模最大且各项性能指标最先进的。但在 1961 年，云室组还在组建的过程中，张文裕被派往苏联杜布纳联合原子核研究所接替王淦昌的工作，等 1965 年他从苏联回国后，这一宇宙线实验站才建成。当时的中国科学院原子能研究所所长钱三强很重视宇宙线研究，在困难时期支持了大云室组建造。后经过几年调整，直到 1972 年才正式利用云雾室做宇宙线研究工作，测量缪子、π 介子和质子的流强等，搜集了将近一万个事例。

云南站最早引起轰动的发现，是 1972 年 10 月发现的，认为可能是一个质量大于 10 GeV/c² 的重质量粒子（图 9）。当时邀请了朱光亚（1924—2011）和几位有名的学者审查这一事例，还征求了物理学家李政道（Tsung Dao Lee，1926—2024）的意见。刚刚复刊的《物理》杂志以"原子能研究所云南站"署名发表了《一个可能的重质量荷电粒子事例》（后又翻译成英文在《中国科学》上发表）。文章认为，该粒子可能具有质子 10 倍以上的质量，小于或等于质子质量的概率小于千分之二，但只

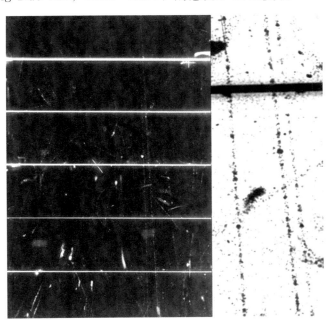

图 9　1972 年，落雪山实验室观测到一个质量可能大于 10 GeV/c² 的重粒子事例

有一个孤立事例。这一发现的论文发表后在国际上引起了较大关注，周恩来总理在 1973 年 10 月 13 日接见吴健雄（1912—1991）、袁家骝等海外华人科学家时，曾询问陪同的张文裕："你们现在工作怎么

样，有新的结果吗？""（事例）稀少，能不能多设几个点？"

为此，1977年况浩怀曾设计了一个课题——在水平方向寻找重粒子，课题设计经过赵忠尧、肖健等人审批，并派了一个小组到云南站工作一年，可是最终还是没有找到。又隔了十几年，物理学家何祚庥、庆承瑞认为云南站重粒子可能是标准模型基态粒子的弱作用激发态，于是又与高能所共同设计了一个大型地下实验，与丁肇中（Samuel C. C. Ting，1936—　）合作，用他的L3探测器寻找，但实验还是负结果。这个事例最后也没有定论，至今仍是一个"悬案"，后来胡宁（1916—1997）根据霍安祥提供的数据计算，结果也只是支持了大质量粒子的结论。

20世纪50年代以来，随着各国纷纷建造大型加速器，高能物理的发展突飞猛进。我国自从1965年退出苏联杜布纳联合原子核研究所以来，在基础研究方面的发展停滞了多年。为进行高能物理研究与高能加速器预制研究，1973年2月，原子能研究所的中关村部分（一部）和云南站划归中国科学院，成立高能所。

高能所成立之初，并没有设立专门的宇宙线室。考虑到加速器需要长期建设，而宇宙线的研究具有独立性，新发现的事例又凸显了宇宙线的重要性，1973年4月21日的研究所会上，大家一致同意成立专门的宇宙线研究室，由副所长何泽慧（1914—2011）分管，赵进义、丁林恺、霍安祥为宇宙线室筹备组负责人。同年5月16日，中国科学院核心小组会议上讨论了云南站的问题，决定以云南站现有人员为基础，设立宇宙线研究室（三室），业务负责人为霍安祥。该研究室的工作内容主要是改进提高云南站的大云室，进行超高能物理实验研究，寻找新粒子和高能新奇现象，逐步开展宇宙空间、地面、地下的宇宙线研究，同时进行探测器的研究。根据任务，宇宙线研究室的工作人员采用轮换的办法分批到云南站工作。

1974 年，高能所提出建立"中国科学院高能物理研究所昆明分所"的方案，以在宇宙线中寻找新粒子和高能新奇现象为方向，初期设立探测器室和物理研究室，这一提议于 1976 年获得了国务院和国家计委（现中华人民共和国国家发展和改革委员会）的同意。为加速筹建工作，1978 年 9 月，经国家科委（现中华人民共和国科学技术部）和国家计委批准，中国科学院将"分所"更名为"云南宇宙线研究所"。

西藏甘巴拉山高山乳胶室

随着手工操作、效率偏低的高山云雾室完成了历史使命，在高海拔地区利用核乳胶技术捕捉宇宙线的径迹就成为一个新的趋势。核乳胶是用特制的照相乳胶制成的能记录单个带电粒子径迹的粒子径迹探测器。乳胶是固体，其能量沉积本领比空气高千倍，如果说高能粒子在空气中的射程是几米的话，那么在核乳胶中射程只有几毫米。当有带电粒子穿入时，就会引起感光而留下径迹，经过显影和定影，用显微镜观察，通过测定粒子在核乳胶中的径迹长度、银粒密度和径迹曲折程度可判定粒子的种类并测定它们的动量，因此，核乳胶是核物理、粒子物理和宇宙线研究中的重要工具。虽然核乳胶

高能所在海拔 5 500 米的西藏甘巴拉山建造了高山乳胶室

很早就应用到宇宙线探测中，但直到 20 世纪 50 年代初，仍只有英国和苏联掌握了相关的制造技术。在何泽慧的领导下，我国于 1957 年成功研制了对电子灵敏的核乳胶，灵敏度接近当时国外最先进的核乳胶。

核乳胶在宇宙线和高能物理研究中发挥了十分重要的作用，至今仍是空间分辨率最高的粒子径迹探测器。据统计，有关不稳定基本粒子的 22 次重要发现中，有 10 次是利用核乳胶找到的。与传统的云室相比，核乳胶较轻便而又连续灵敏，可以在高山、热气球，甚至卫星中进行探测，是更适宜寻找稀有现象的探测工具。而且，随着加速器的发展，已不适宜将云室单独用来做大于 100 TeV 能区的高能实验。在超高能区域的实验手段主要是大面积的广延大气簇射阵和大面积的乳胶室。而广延大气簇射阵成本较高，制作和维护需要较多的人力。乳胶室的优点是设备简单，不需要电源，节省人力和费用，灵敏时间可达一年，面积也易于做大。加之我国有世界上海拔最高的山，自然条件和交通条件也比较好，因此核乳胶成为继大云室之后开展宇宙线研究的重要工具。

1970 年 11 月，原子能研究所（401 所）一部从事宇宙线研究的人员提议将二部制备核乳胶的人员集中到一部，设立"高能核乳胶组"，进行高能核乳胶的研制工作。有了高能核乳胶，就可以利用飞机或卫星载乳胶到达高空，寻找新奇粒子和开展高能核作用的研究，且不影响用于原子能的低能核乳胶的制备。但由于当时科研人员分散，这一提议之后就没有了下文。到 1973 年 4 月，高能所的领导们听取了三室汇报，除继续对云南站的仪器进行改进外，决定在北京成立乳胶组，就设在宇宙线室。

为开展超高能宇宙线研究，研究所先后在海拔 3 220 米的云南站和 5 500 米的西藏甘巴拉山进行了实验性乳胶室的研制工作。1977 年开始，在西藏甘巴拉山海拔 5 500 米处正式建立高山乳胶室，用以研究 100 TeV ～ 10 PeV 的超高能现象。1980 年，该乳胶室达到 43 吨铅屏蔽的规模，面积为 27.6 平方米，得到了几个有特点的超高能事例，其规模与日本富士山组、苏联帕米尔组和日本－巴西的恰卡塔亚山（Chacaltaya）组并列为当时世界四大高山乳胶室。

在何泽慧等人的倡导与支持下，我国宇宙线研究走出了只靠"一院一所"的局限，实现了多所、多校，乃至多国的合作。从 1977 年起，宇宙线室先后同山东大学、云南大学、郑州大学和重庆建筑工程职业学院合作；从 1980 年开始，甘巴拉山乳胶室与日本的七所大学合作，国内则有高能所、山东大学、云南大学等五个单位参加。日方还提供了高灵敏度的 X 射线影像、核乳胶、先进的自动黑度测量仪等，这对我国高山乳胶室研制工作赶上国际先进水平起到了相当大的作用。

甘巴拉山乳胶室在 10 年中得到观察能量超 1 PeV 的事例约 30 例，超过 100 TeV 的事例数百例，事例数量和质量在世界上四家乳胶实验室中都数一数二。此外，1978 年实验组还委托中国登山队在海拔 6 400 米的珠穆朗玛峰山脚下的北坳地处放置了一个小的乳胶室。该高山站运行到 1985 年，因观测手段和技术逐渐落后而停止，总曝光量达到 1 000 平方米每年。

我国核乳胶的宇宙线探测还被应用到卫星上。1976 年我国发射的一颗人造地球卫星装载了国产 N-4 型核乳胶。核乳胶的优点明显，作用巨大，但它的缺点也是存在的，因为它须经显影、定影，且无法实时得到测量结果，要靠人工测量和显微镜测量径迹参量，比较难实现自动化；而且核乳胶中的成分比较复杂，能进行研究的靶核的种类和数量有限。随着国际上建造加速器水平的进一步提高，宇宙线研究又面临着探测手段发展和研究领域的转变。转变的方向有两个：一是转向高能天体物理方面，利用热气球、卫星研究初级宇宙线的成分和起源问题；另一个是向更高能量的粒子探测进军，发展广延大气簇射研究。

念青唐古拉山羊八井宇宙线观测站

羊八井位于喜玛拉雅山北麓，在西藏自治区拉萨市西北大约90千米处的当雄县境内，处于中尼公路和青藏公路交汇处的地热开发区内，海拔约4 300米。这里地面平坦、开阔，是藏北草原的一部分，周围环境以高山和广阔的草原为主，气候适宜，但又有空气稀薄等明显的高海拔地区的特征。中华人民共和国成立后，西藏的交通、能源、网络等方面逐步发展，这里除了拥有得天独厚的地理条件外，还拥有了良好的社会条件，被称为"天赐的科研宝地""理想的人与宇宙对话的地方"。宇宙线大气簇射在这一海拔高度发展，同类探测器在此具有非常高的观测灵敏度。

20世纪80年代后期，高能所曾在北京怀柔自建了一个由53个0.25平方米闪烁探测器组成的广延空气簇射阵列，可是当我们将这个从元器件开始就自行筹备的设备完成后却发现，它已经落后于国际水平了。当时的高能所研究员谭有恒在日本看到了先进的综合性空气簇射阵列，回国后极力倡导，想在中国做类似的实验，希望中国建设自己的世界级宇宙线观测基地。同时，我国宇宙线研究者们也意识到只靠自己摸索肯定是不行的，利用我国的高海拔观测站的地理优势，通过国际合作实现技术和资金等方面的支持，才是一个切实的方法。在谭有恒等人的发起下，以羊八井为基础的"西藏计划"就此产生。

羊八井观测站建成之前，广延空气簇射实验只能在100 TeV以上的超高能区进行。依靠羊八井观测站的地理优势和密集型阵列，

1983—1988 年，高能所建成的北京怀柔广延大气簇射阵列

将广延大气簇射（EAS）传统的工作能区向下扩展了数百倍（事例触发记录率比云南站时期提高了近万倍），实现了与成像大气切伦科夫望远镜乃至大型空间伽马实验的无缝衔接，使利用宇宙线月球阴影的地磁偏移成为可能，从而为阵列的方向测定、标定和宇宙线反质子丰度的测量，找到了简易的新方法。1988 年，高能所与日本东京大学的合作正式开始，当时的所长叶铭汉将所长基金和云南站剩余器材处理款投入这个项目。1990 年 1 月，海拔 4 300 米、拥有 45 个探测器的羊八井一期小阵列和羊八井观测站初步建成。羊八井观测站是北半球最高的宇宙线观测站。

　　20 世纪 90 年代初期，国际空间实验探测射线源的突出成绩使得地面伽马射线观测略显弱势，但我国羊八井观测站没有盲目跟随

羊八井观测站中日合作 AS γ 阵列（摄于 1997 年）

国际热潮退出地面观测实验，而是进一步与意大利合作了 ARGO-YBJ 实验，实现了 EAS 粒子探测阵列的地毯化。2006 年，ARGO一期阵列建成，拉开了精细测量空气簇射实验的时代帷幕。

　　1995 年 11 月，美国《科学》（*Science*）杂志在其"中国之科学"特刊中，多次提及羊八井观测站，并将其列入"中国科学地图"中的 25 个科技基地之一。近年来，羊八井观测站不断开展多边国际合作，逐渐成为多学科交叉研究的平台。

　　经过了 20 多年的持续努力，羊八井观测站作为中国宇宙线研究的新一代承接地和国际上常年运行、海拔最高的现代化宇宙线观测平台终于成型。自 2002 年以来，逐步实现了新老队伍的交替。羊八井二阵列关于活动星系核 Mrk421 多次伽马射线爆发的完整观测，

羊八井观测站中意合作 ARGO 实验大厅

以及基于 AS γ 阵列多年事例积累的、迄今最精细的宇宙线各向异性分布天图及其导致的宇宙线流与太阳一道绕银河系中心公转的结论（曾获"2005 年度中国科学院十大创新成果"）等优异成果的不断涌现，使得羊八井观测站的知名度不断提高。在这个国际级平台上，我国宇宙线研究领域人才快速成长。

技术在进步，优势在扩大，宇宙线工作一线的科学家们也一直以自己的方式在改变和推进这一事业的发展。2012 年，在纪念宇宙线发现 100 周年时，羊八井观测站早期建设者、高能所研究员谭有恒发表了一篇对羊八井饱含深情的文章，他在文章中回忆：

羊八井得天独厚的高海拔优势是天赐的科学资源，羊八井周围开发这些科学资源的优越条件，为世界上海拔 4 000 米以上高山所绝无仅有。羊八井既代表我们特有的优势，也是个潜力未尽的科学"矿藏"，是我们在国际较量中获取相对优势和吸引国际合作、调动国际资源、做大做强的重要物质基础。因此，在学科方向和具体课题选择上要紧紧扣住羊八井高海拔的特点，着力进一步开发其相应的物理潜能，并倍加爱护羊八井这个品牌。

宇宙线观测，特别是与天文和空间环境相关的观测，具有天文台那样的长期持续的特性，对许多目标天体的日常监测要世世代代地做下去。观测站可以依托一个课题而生，而不能随一个课题而死。许多天文现象和环境变化具有突然性（爆发现象），EAS 阵列的宽视场和全日制特性相对于指向跟踪的望远镜有无可争辩的优势，关键是科研人员要耐得住性子，持之以恒，不可以急功近利、打一枪换一个地方；主管领导也要对此有足够的认识，对羊八井观测站应给予天文台那样的日常待遇。

羊八井观测站创建的成功得益于羊八井的地理优势、国家和西藏自治区的现代化进程、国际国内合作、变而不散的队伍。早期的国际合作在解决资金和高技术设备问题，以及中方人员在国际环境中的成长上起过重要作用（每年都有十几人次的人员派出）。即使中国已成为国际上极具影响力的存在，利用国际合作调动国际优质资源和发挥地方积极性，仍是快速发展的必要举措。

作为大国，从战略上讲，宇宙线三大属性（宇观、微观和环境）我们都应涵盖。羊八井的高海拔优势和我国航天事业的快速发展，使我们在攻克"膝区物理"这一老大难问题和太阳粒子与空间环境变化的监测上有了不可推卸的责任。构建以"ARGO地毯"为中心的精密复合阵列最终要提上日程；而以稳定的经费和人员坚持现有的太阳中子监测器、中子望远镜和自制的中子－缪子复合望远镜的常年运行，则是眼前的事。同时，也不能忘记2003年路甬祥院长视察时的期望，向多学科交叉研究和有应用前景的方向探索。这么多工作自然不可能由一个研究组完成，而应将羊八井观测站作为全国和国际共同利用的实验中心。为此，它的主阵列须是基础型、通用型的，既能提供各种EAS参数，又便于积木式的扩展和为不同课题添加专用设备。如此将不愁没有"八方神仙"到来。

在羊八井事业蒸蒸日上的时候，我们自然想起为我们播种、引我们入门的前辈大师；想起在高海拔条件和出国大潮反复冲击下坚持长期艰苦奋斗（直到2006年，站里连一辆汽车都没有）的同事；想起20年长期留守山上、干着高级工程师和副站长的工作、得到的却是合同工待遇的陈文一和他的三位同事，尊敬和感激油然而生。正是包括他们在内的群体的共同奉献，促成了羊八井观测站的横空出世和中国宇宙线研究春天的到来。在庆祝宇宙线发现100年也是我国本土宇宙线研究60年的时候，我们可以告慰张文裕等前辈科学家：后辈们没有辜负你们的期望，如今已再没有人说中国宇宙线研究是零了；大师们早年在国内播下的种子，已在雪域高原生根开花；跋涉在念青唐古拉峰下的脚步，定会永远向前！

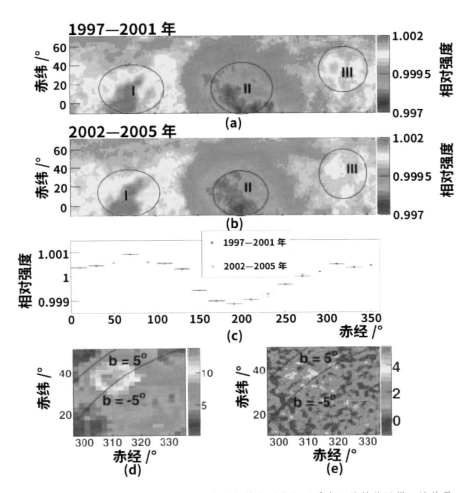

羊八井中日合作 AS γ 实验发现宇宙线各向异性和围绕银河系中心旋转的证据，该结果于 2006 年 10 月发表在《科学》杂志，并被誉为里程碑式的成果。

再上高山

向宇宙要答案

谭有恒 书

再上高山，向宇宙要答案

　　纵观宇宙线研究的历程，人们渐渐领悟，在明亮强源的面纱被揭开之后，要想解读每种源的辐射机制中的奥秘，需要累积大量种类丰富的样本。新发现一个源不再是使人震撼的奇迹，面对大量的同类源和巨大的统计样本，增强数据库的信息存储量才是更重要的工作。

　　只有当每一类源天体积累到相当数量的样本时，才能在纷杂的现象中找出具有统计显著性、规律性的特征行为，从而对单个源进行更细致、精确的观测，对规律进一步检验，使之得到提高、发展和完善，最终得出结论。

　　对源天体的观测素来都沿两条几乎平行的路线发展，一是要不断提高用于定点观测模式的高分辨窄视场望远镜系统的分辨能力；二是要提高用于巡天扫描的宽视场望远镜系统的灵敏度。甚高能伽马天文学的发展也不例外。随着空气簇射切伦科夫成像望远镜的稳步发展，采用地面探测器阵列测量簇射的带电粒子本身的探测技术也在不断的发展之中，其优势就在于其宽广的视野。这一技术不仅可以同时监测分布于其视野范围内的所有可能的源，而且可以随地球的转动对天空进行扫描。

前文提到的中日合作 AS γ 实验和中意合作 ARGO-YBJ 实验两个大型国际合作的科学设施就采用了后一种方法，两个实验都具有一定的灵敏度，并观测到重要的伽马点源，证明了这种探测技术的优势。但是，定点观测的高分辨能力与巡天扫描的高灵敏度似乎不能得兼，要在宽广的角度范围内让每一个点源具备与成像切伦科夫望远镜可比的灵敏度绝非易事。为了追求宽广的视野，实验物理学家不得不牺牲角分辨率，从而降低对宇宙线本底的抑制能力，伽马粒子被淹没于强大的宇宙线本底中。美国的 Milagro 实验采用略有不同的水切伦科夫探测技术，摸索出一套利用簇射的横向分布形状区分伽马粒子的有效办法，大大发展了地面粒子探测阵列用于伽马天文学观测的技术。

Milagro 实验发现了位于天鹅座等几个方向的源，并且特别展现了这一技术对于具有较宽尺度的扩展源的独特观测能力，证实其优于成像切伦科夫望远镜技术。由于仅仅具有与第一代切伦科夫望远镜类似的灵敏度，Milagro 实验只发现了强度仅次于作为标准烛光的蟹状星云的源，但也足以证明地面粒子探测阵列技术的有效性，为大力发展下一代以粒子探测阵列为技术基础的巡天扫描望远镜做出了极为重要的可行性保障。

宇宙线的起源是 21 世纪 11 大未解科学难题之一，以欧美发达国家为代表的世界各国均在自身的能力范围内不遗余力地投入该领域的研究。研制灵敏度更高的探测器成为国际宇宙线实验研究的前沿，未来的一段时间内，宇宙线研究的突破性进展基本会在伽马天文观测领域产生。对于地面粒子探测阵列的建设方面，我们并不陌生。通过羊八井观测站的两个实验，我国在积极开展与宇宙线研究强国的合作过程中，提高了实验能力和物理分析水平；利用我国的自然地理资源优势，立足高山实验多年积累的技术优势和工程经验，开拓创新，发展新一代的大型高海拔复合探测器；站在新的起点，继续向国际宇宙线研究的最前沿出发。

（《四川日报》何海洋 摄）

十年一剑

拉索的建立

　　海子山海拔 4 410 米的苍茫高原，空旷、寂寥、荒无人烟，拉索就在这里。它是科学家们"对话"宇宙、破解宇宙线之谜的重要工具，我们用它捕捉"粒子雨"，绘制出一张张精密的"高能宇宙天图"。

　　从古至今，中国人对这片浩瀚宇宙探索的脚步从未停歇。2 000 多年前，诗人屈原以一首长诗《天问》向宇宙洪荒、天地自然发出了疑问。时光如白驹过隙，两千年后的今天，我们打造拉索这张巨网，让数以万计的"眼睛"不分昼夜地注视着头顶的星空，叩问苍穹，寻找答案。

什么是拉索

拉索的全称是高海拔宇宙线观测站，来自于站名英文缩写 LHAASO（Large High Altitude Air Shower Observatory）的音译。

前面我们介绍的羊八井观测站是建立在海拔 4 300 米的宇宙线观测站，是拉索的上一代。羊八井观测站充分利用了世界屋脊得天独厚的天然优势，建成了中日合作 AS γ 阵列和中意合作 ARGO-YBJ 巡天望远镜，在大视场巡天领域处于国际先进行列。

宇宙线是人类探索宇宙及其演化的重要研究对象，高能的宇宙线来自于太阳系之外，宇宙线观测站就是通过对宇宙线的观测研究，进一步拓展人类对宇宙的认知。宇宙线起源问题一直是悬而未决的科学难题，是国际科学前沿，拉索就是瞄准这一难题提出来的。基于羊八井观测站两个大型科学实验的实践经验，我们提出应该选出综合条件更优越的站址建设高海拔宇宙线观测站，采用多种探测手段实现复合、精确的测量，大幅提高灵敏度，覆盖更宽广的能谱，建设第三代伽马天文探测器，拉索因此诞生。拉索是世界上灵敏度最高、规模最大的宇宙线探测装置，拥有三个世界之最——目前世界上灵敏度最高的超高能伽马探测装置、世界上灵敏度最高的甚高能伽马巡天望远镜，以及能量覆盖范围最宽的超高能宇宙线复合式立体测量系统。拉索 是"十二五"期间启动的国家重大科技基础设施项目，观测装置坐落于平均海拔4 410米的四川省甘孜藏族自治州稻城县海子山。

　　拉索的核心科学目标是探索高能宇宙线起源及相关的宇宙演化、高能天体演化和新物理前沿的研究。通过开展全天区伽马源扫描并精确测量伽马能谱，积累各种伽马源的统计样本；通过对辐射机制的探索发现高能粒子的加速源，测量单成分宇宙线能谱，确定"膝"的位置，实现空间的宇宙线直接测量和地面的空气簇射测量之间的无缝连接，完成宇宙线能谱的连续性、一致性测量，开拓暗物质等新物理研究前沿课题。

必须占有一席之地

　　有人问，中国为什么要建拉索？宇宙线观测站不是已经有羊八井了吗？

　　宇宙线又被称作"银河陨石"，或者叫作传递宇宙大事件的信使。它们本身就是组成宇宙天体的物质成分，携带着宇宙起源、天体演化、源天体的物理环境、太阳活动等重要信息。正因为宇宙线如此重要，世界上的其他科技强国对于宇宙线的观测研究都投入了相当大的力量，加之他们在这一领域起步较早，无论在实验技术还是人才队伍上，都长期领先。

　　我国自20世纪50年代就开始了宇宙线的研究，但到了70年代，才启动相对正式的研究工作，到了80年代，我们还是不能实现全面自主地建设宇宙线观测站。根据当时国内的科研条件和经济情况，虽然我们抓住时机通过羊八井观测站与日本的团队进行合作，成为合作者，但没有主导权，实际操作的主导权还在日方。那时从观测整理数据，到写成论文在国际上发表，日方都是主导者，我方处于协助地位，包括文章署名。羊八井观测站坐落在中国的高山上，但当时我们国家宇宙线研究的实力决定了我们的学术地位还不在山巅，在国际合作中没有主导权，只能陪跑、跟跑。

造成这一局面，并不是因为我们的理论研究水平跟不上"国际水平"，而是我们没有能自己说了算的实验，处于"巧妇难为无米之炊"的尴尬境地。要想精确测量候选天体（如像超新星、黑洞这些天体）、寻找可能的宇宙线起源（包括起源的位置和源区的物理环境），主要手段就是通过伽马射线的观测，能够找到它们存在的证据，同时还要精确测量宇宙线的成分和强度，这样我们就可以将整个宇宙线科学里基本的、核心的问题搞清楚，按照自己的科学理想设计实验，获得一手的实验数据。有了数据所有权，才有发现权，才能主导这个学科，在国际学术舞台上才有发言权。"中国必须在世界高科技领域占有一席之地"，邓小平同志在1988年视察高能所时向中国科技工作者发出号召。中国人想要在宇宙线起源这一

根本问题上获得发言权，只有羊八井观测站远远不够。

　　中国人从来不缺吃苦耐劳和奋力钻研的精神，但坚强的后盾必不可少。宇宙线研究团队的年轻一代在国家的大力投入和支持下快速成长了起来。这群海外留学归来和本土成长起来的科研人员们很快找到了自己的方向。时间到了2000年，中国的科学团队在与意大利联合开发的项目上，学术地位有了很大的提升。从建设到研究，从资金人员投入到认定科研成果，双方占比基本持平，尤其表现在科学论文的发表上，都是按照1∶1的比例进行合作分配。从"陪跑"到"平起平坐"，中国宇宙线研究又用了十多年的时间，国内的宇宙线学人初显实力，已经有能力在国家的重视和支持下自主研发属于自己的探测器了。

　　于是，我们瞄准国际宇宙线研究前沿发展存在的战略机遇，经过了充分的准备，于2009年的香山科学会议上，郑重提出在高海拔地区建设大型复合探测阵列拉索的完整构想。决心有了，行动跟上。在国内积极推进这一构想的同时，我们还把它带到了国际会议上。当时雄居国际宇宙线观测一线的是欧洲的切伦科夫望远镜阵

2009 年，中国科学院第 342 次香山科学会议上，曹臻研究员提出在高海拔地区建设大型复合探测阵列拉索的完整构想，形成了"宇宙线物理的若干前沿问题和我国的发展战略"的主旨报告。

列计划和美国的高海拔水切伦科夫观测计划，所有人的目光都被这两个计划吸引。中国的这个想法一出，就被外国同行认为是异想天开，他们甚至断言："0.1 PeV 就是极限，你们花这么多钱建这个东西，没准将来什么也看不见。"人类社会从来都不缺偏见，尤其在他们主观上认为你弱小的时候。科学界也是如此。当外国同行一众人等被思维定式限制，尤其是站在"高处"向下"俯视"的时候，来自国际科学界的偏见仿佛把时光又拉回了当年苏联专家摇头对世界说中国宇宙线研究是"零"的那一刻。前辈们的愤愤不平和心有不甘才稍稍平息，后来人的遭遇又如出一辙。那一刻的愤怒和意难平，使我们在跨越半个世纪后与当年的张文裕"心意相通"。如果说科学家有国界，中国三代宇宙线学人想拥有自己的实验设施，在国际上赢得主动，就是他们的国界，中国科学家想赢得属于自己的学术尊严。

拉索科学计划的提出恰逢我国制订未来 20 年国家重大科技基础设施建设中长期规划。这是我国历史上第一次系统性部署国家重大科技基础设施中长期建设和发展，对提升我国原始创新能力，实现从科技大国迈向科技强国的目标具有重要意义。2013 年 1 月 16 日，时任国务院总理温家宝主持召开国务院常务会议，讨论通过《国家重大科技基础设施建设中长期规划（2012—2030 年）》，会议决定

2019 年 4 月，拉索启动观测，从意大利专程来到海子山的粒子天体物理学家、意大利国家核物理研究院前副主席 Benedetto D'Ettorre Piazzoli（左七）与曹臻（左四）交流。Benedetto 是中意合作 ARGO 实验的意方发言人，是中国宇宙线研究的老朋友。

在"十二五"时期，选择我国科技发展急需、具有相对优势和建设条件较为成熟的领域，优先安排16项重大科技基础设施建设，拉索位列其中。

在中国宇宙线国际学术会议期间，访问拉索的国外学者在测控基地门口畅谈。

憋着一股劲儿，从2009年提出设想，到2013年列入规划，到2014年开始小规模的预先研究，再到2015年12月拉索获得国家发展和改革委员委批复正式立项，一直到2017年主体工程动工，高能所的科研人员坚守了近十年。时间能抚平差距，同样也将困难摆在了眼前，要将拉索的构想变为现实，我们还要面临一系列挑战。中国几代宇宙线研究者都长期扎根在条件艰苦的高海拔地区观测，克服人类生存的困难挑战，就是为了让中国宇宙线研究不掉队，与国际先进的实验缩短差距。时光荏苒，信念不变，大家坚信目标终将实现。当时我们还不确定能不能借这个大科学装置建设的机会，做出世界领先的宇宙线观测阵列。到了 2023 年，回顾拉索 14 年的建设历程，我们逐渐找到了这些问题的答案：拉索为什么要建？拉索改变了什么？答案随着拉索的建成、运行而揭晓：我国宇宙线研究结束了长达 70 年的跟跑、并跑局面，我国宇宙线研究已经站到了国际领先位置。

山一程，水一程
登高极目揽苍穹，踏遍滇川青
风一更，雪一更
欲穷源流何处是，无论秋与冬

白云翔

■ 遍布海子山荒原的巨石漂砾

拉索选址难

拉索建到哪里，不是随意决定的。前文介绍落雪山实验室和羊八井观测站的时候提过，观测站对环境的要求极高，拉索这种大科学装置，对环境的要求更高。

拉索建在哪里，是很费心思的大事。对于一项"靠天吃饭"的研究来说，站址选择的成功与否，决定了设施的科学目标能否实现。高能所极为重视拉索的科学选址，专门组建了由时任高能所党委书记王焕玉亲自挂帅的选址工作小组，我们也是工作组成员。在广泛选址的同时，工作组还要推动与候选站址所在地的共建合作。为了让拉索计划更周密完善和切实可行，工作小组前期进行了各种小规模的先期试验，前后六年多的时间，选址工作组跑遍了西藏、青海、云南和四川海拔在 4 000 米左右的候选区域。

拉索对站址选取有很苛刻的要求。除了海拔之外，还要求地势

■ 上千个湖泊散布在稻城海子山

平坦，场地落差不能超过 50 米，周围不能有山的遮挡；全年晴天数尽量多，年降水量尽可能低且降水分布要相对集中在较短的时间内；因为要在夜间测量大气切伦科夫光，站点还需远离城市背景光；水，是拉索建造中的重要探测介质，水源的分布和洁净程度也至关重要；站点的纬度要尽量低，这样可以对银河系中心方向开展观测。

除上述要求外，站址所在地区还需拥有相应的学科基础和成熟的人力资源市场，具有开放、自由的国际往来环境，所在地人民政府还需能够保障相应的科研配套条件。

综合全部因素，即使对于我国这样一个地大物博的国家来说，满足这些条件也很难。

拉索为什么如此"高、大"

　　为什么要把拉索放在 4 000 多米高的海拔上呢？这是一个很多人都关心的问题。大多数不熟悉这个领域的人，都会理所当然地认为，青藏高原"离天最近"，空气最干净，既然是"观天重器"，肯定是越高越好了。其实不然，选择在什么高度位置测量宇宙线，跟我们所关心的宇宙线能量有关。原初的高能宇宙线粒子进入大气产生广延大气簇射，随着穿过大气的厚度变大，簇射产生的次级粒子变得越来越多，发展到"极大"的位置后，次级粒子开始逐渐被吸收，到一定的大气深度，所有的次级粒子均被吸收，原初的能量全部沉积在大气中（图 10）。在这个过程中，要想获得最为精确、系统误差最小的测量结果，最好的方式就是在空气簇射发展到"极大"的位置进行取样测量。在宇宙线宽广的能谱上，宇宙线的数量随着能量的增多而急剧减少，基本服从负指数关系，谱指数约

为 −2.7。在能量高达 1 PeV 附近的地方，能谱发生第一次拐折，意味着宇宙线的数量变得更少了，这个位置被我们形象地称之为"膝"；随着能量继续增加至 100 PeV 的位置，能谱再次发生拐折，形成了"第二膝"；在 3 EeV ~ 4 EeV 的位置能谱变平，像是人的"踝"。在谱学研究的逻辑上，谱指数发生变化一定意味着其背后有深刻的物理规律，这些变化很可能与宇宙线起源天体的性质和空间分布、粒子加速和传播过程相关。到底是什么导致宇宙线粒子数在"膝区"的能量位置发生"骨折"式下跌，成为宇宙线研究的一个重要命题。"膝区"也是拉索关注的能区，而这个宇宙线原初粒子进入大气产生的簇射"极大"位置，就在海子山的海拔高度。

宇宙线粒子在大气中形成的簇射范围随着能量增加而变得非常大，簇射产生的大量次级带电粒子像一阵雨一样几乎同时到达地

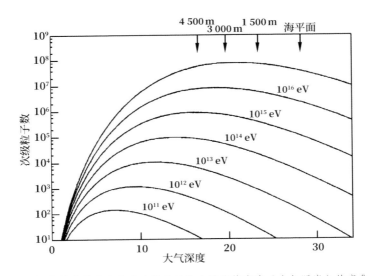

图 10　空气簇射发展的大小（次级粒子数）随海拔高度（大气深度）的变化关系

面。地面的探测装置，通过测量这些次级粒子就可以获得原初宇宙线的信息，从而开展研究。这些同时到达的次级粒子会触及成百上千平方米，甚至上万平方米的面积，要对高能的宇宙线粒子做完整的测量，就需要探测器的相应面积不小于同时到达的次级粒子所触及的面积。此外，拉索要探测的伽马光子数量在宇宙线中的流量本来就很低，如果探测器的面积不够大，我们获得的事例统计量就会很小，最终影响探测器的灵敏度。拉索的面积为百万平方米级，这对于寸土寸金的空间探测器来说是不可想象的，也是地面测量的优势。

经过反复调研，选址工作组划定了云南香格里拉的石卡雪山、四川稻城的海子山和青海玉树的上拉秀三地作为拉索建设的候选站址。2013年12月，时任中国科学院副院长的詹文龙院士亲自主持了科学选址的专家评估会，专家组由陈和生（组长）、于渌、李惕碚、吕达仁等多名院士专家组成，本次评估会最终确定四川稻城的海子山作为首选站址，青海玉树的上拉秀为备选站址。

从建设需求来看，上述三个候选站址在地质环境、工程地质、水文地质、水电通信、交通条件等方面都能满足大科学工程的建设需要。四川省在土地划拨和配套经费上更有保障，而且其相关学科发展水平和国际合作潜力具有较强优势，加之站点纬度较低，科学上更有竞争力。

圣境的探星征途：稻城

在约100年前，美籍奥地利探险家、人类学家、植物学家约瑟夫·洛克（Joseph Rock，1884—1962）曾带着他的马队进入了稻城，探寻"一个美丽的、只有欢乐的地方"。随后他连续在美国的《国家地理杂志》发表了有关稻城的文章、照片，让世人第一次知道稻城。洛克穿越稻城探险的经历，引起了英国作家詹姆斯·希尔顿（James Hilton，1900—1954）的兴趣，随后出版的《消失的地平线》让稻城成为无数人向往的神秘之境。2016年，一部国产电影

稻城县尊圣塔林

《从你的全世界路过》再一次让稻城出现在大众面前，成为家喻户晓的旅游打卡地。

但稻城之于天文观测的价值并不为人所知。"大香格里拉"涵盖滇、川、藏交界的横断山脉地区。由于地势复杂、地理落差极大、交通非常不便等，这一区域曾经是天文选址踏勘的禁区和神秘

地带。早在 2003 年，中国的天文学界就启动了"中国西部天文战略选址"计划，针对我国西部地区潜在的优良天文台址进行考察和选择。历经了数十万千米的艰苦科考与严谨论证，以及 50 多个地址的勘测后，云南天文台的太阳物理学家刘煜于 2011 年第一次来到稻城海子山采集相关的监测数据，最终发现位于"大香格里拉"核心地带的稻城（北纬 30°、东经 100°）最佳，并于 2014 年开始建立稻城无名山高海拔天文台址监测站（以下简称"无名山观测站"）。无名山观测站位于晴空少云区域，从近 60 年的全国范围大面积云量统计布局上看，平均云量 3～4 成，可满足大型光学望远镜的观测要求。经长期监测，稻城的白天视宁度、晴日数、大气积分水汽含量和射电环境指标也都非常优秀。在刘煜眼里，稻城是"天文选址征途上的明珠"。而今，稻城成了天文观测研究的圣地，多个空天观测的科学设施在稻城的高原上拔地而起，刘煜被誉为天文界的"洛克"。

稻城夜色

　　在四川稻城，拉索最开始的选址是在海子山后大概 1 千米远的地方，但那里太潮湿，遍布沼泽，团队不是十分满意，后来才发现现在的选址地。

稻城亚丁机场
拉索在高原上的唯一邻居是相距 15 分钟车程的稻城亚丁机场，
机场外形像一个来自外太空的飞碟。

　　这里有着非常便利的交通条件，距离国道 228 线仅百米之遥，是保障拉索在建设过程中运输大宗设备、物资的基本条件，经由国道 318 线只需 11 小时可到达成都。拉索距稻城亚丁机场 10 千米，45 分钟航程即可抵达成都，确保建设期间人员往来畅通、便捷。在北京很多相关工程建设者的办公室里，随时都备着一个行李箱，里面有羽绒服、冲锋衣等装备，工程任务经常需要他们在当天下班后，拎起箱子直奔北京首都国际机场 T3 航站楼，坐最晚的航班前往成都，在成都双流国际机场边的酒店睡上 4 个小时，又起床赶早飞往稻城，7 点落地到稻城亚丁机场后，8 点就在测控基地吃早餐了。在建设期，每个人都有过"北京下班，第二天稻城上班"的经历。在稻城，现成的主干通信光纤网就在距站址 200 米处通过，这给拉索工程提供了强大的数据传输与交换能力，确保拉索海量数据的传输和收集。站址所在的方圆 1.5 平方千米范围内整体平坦，非常有利于探测器阵列的布局与安装。更重要的是，此地优质水源丰富。拉索的建设要一次性灌注 5.2 万吨超纯水，35 万吨超净水，在运行期间也需要制备大量的净水，保证探测器的循环运行。海子山不负盛名，大小湖泊上千，地表自然水量就完全能够满足拉索的需求。

别人工作叫上班，我们工作叫"上山"

作为科学站址，海子山占尽优势，但如考虑长期在这里工作，严重的高原反应对于长期在低海拔地区生活的人来说，是一道难以逾越的坎儿，4 410 米显然太高了。再加上站区没有相应的生活、医疗配套，而且拉索站址位于国家自然保护区内，不适宜建设后勤保障设施，这样就很难实现"长治久安"。如果科研人员能在相对短的时间内回到比较舒适的"大本营"，肯定是最理想的方案。在拉索的上一代——羊八井观测站工作，要找到较舒适的"大本营"只能就近去拉萨，全程 90 多千米，路上要花费近两个小时，当时的科研人员只能在周末或者假期到海拔较低的拉萨休整。在新一代站址的规划过程中，我们充分考虑了这一点，下定决心改善这一状况。在确定海子山为站址时，选址工作组仔细考察了周边，寻找符合条件的"大本营"。稻城县城距离海子山50千米，50分钟内就可实现通勤，是理想的地点。稻城县人民政府把最好的一块"风水宝地"划拨给了科学家们，建设了拉索测控基地，包括测控楼、辅助楼、宿舍、食堂等科研与生活设施，可以满足科研人员长期驻扎并开展实验研究、设施建设和维护。"海子山观测基地＋稻城县测控基地"的布局就这样定下来了，我们把两个基地称为"山上""山

海子山"大本营"的现场工作会

下"，别人工作叫上班，在我们这里叫"上山"。

四川省甘孜藏族自治州稻城县被大众熟知的是旅游风景绝美，但大多数人都意想不到，稻城海子山的自然地理条件竟然与一个科学设施的建设需求吻合得如此完美，是踏破铁鞋后的最佳之处。2014年，拉索的选址最终锁定在稻城县海子山，这一决定得到了四川省人民政府的鼎力支持，中国科学院和四川省人民政府于2014年签署了共建拉索工程的合作协议。"大军未动，粮草先行"，四川省发展和改革委员会（以下简称"四川省发展改革委"）迅速响

应，时任高技术产业处处长的杨昕第一时间赶到海子山查看现场。2016 年，海子山观测基地的市政基础等地方配套工程率先启动，拉索测控基地作为科研人员工作、生活的大后方，其建设工程也相继启动。中国科学院成都分院承担起了建设法人单位的职责，加入了建设者队伍，协调四川省发展改革委、四川省林业和草原局、原四川省国土资源厅（现四川省自然资源厅）等部门，用最有效的方式推动工程落地。

■ 海子山兴伊措

世界屋脊上的高能宇宙"天阵"

2017 年，拉索主体工程开工建设。

拉索选址因为条件受限多，所以选址过程比较难，而选址确定后的建设过程更加艰难。

宇宙线进入大气后，会与空气发生剧烈的相互作用，产生次级粒子。次级粒子继续与空气作用，形成级联反应，产生类似阵雨的空气簇射。这就好比阵雨倾盆的时候，我们若想接住雨滴，就得准备容器去收集雨滴，要想接得更多，就需要准备更大的容器。这样就比较容易理解为什么拉索要大了。高山实验能够充分利用大气作为探测介质，在地面进行观测，探测器规模需远大于大气层外的天基探测器。高能所研究员、拉索工程副经理兼总工艺师何会海曾这样形容天基探测器："如果在空间站上观测宇宙线，天基探测器非常小，而超高能量宇宙线数量稀少，好比用一个盆来接宇宙线，接了半天也接不到几个。"拉索就像一个大型"集雨"装置,充分发挥地基探测的优势,将多种探测手段相结合,实现宽广的能区覆盖和足够大的统计量,每天能够捕获几十亿个高能宇宙线事例。在海拔90米左右的北京测量宇宙线的强度为 100 ~ 200 个粒子每平方米秒,但到了四川稻城就变成约 1 000 个粒子每平方米秒。拉索占地面积约 1.36 平方千米,接近两个故宫那么大,探测到的粒子真的可以称得上"阵雨"。通过对"阵雨"探测所获的详细数据,我们可追溯出原初高能宇宙线粒子的特征,再追溯高能宇宙线粒子的"源"——"宇宙加速器"。之前的实验发现宇宙中有 200 多个天体有能量很高的伽马辐射,但是科学家们花了几十年的时间,试图从中找到各种证据,证明有真正的"宇宙加速器",但始终没有成功。伽马暴、超新星爆发、黑洞、巨大星系之间的碰撞等,都可能

1 平方公里地面阵列(KM2A)
隆起的土堆下面是缪子探测器,其间散落的绿色小方块是电磁粒子探测器。

施

测站

bservatory

■ 全阵列的瞭望台

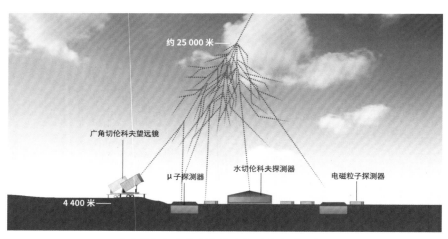

约 25 000 米 ——

广角切伦科夫望远镜

μ 子探测器   水切伦科夫探测器   电磁粒子探测器

4 400 米 ——

《自然》记者绘制的拉索探测器阵列示意图

是我们要找的"源",我们希望找到多个"宇宙加速器",仔细研究它们的候选天体,这样才能更好地研究高能宇宙线的起源。

　　"阵雨"中的"雨滴"也不相同,为了尽可能地收集到不同的粒子,拉索中要安置四种探测器阵列。在《自然》杂志的记者眼里,这四种探测器阵列分别是分布在整个场地上的"铁盒子",埋在地下带着红圈的圆形土堆——实际上是埋在地下的"水罐子",阵列中心最显眼的一个品字形"大水池",以及边上的多个望向天空的蓝色"筒子"。它们排列有序,组成非常壮观的拉索探测器阵列。拉索建成后,每年都会有成千上万的调研者、访问者、游客等路过这里,大部分人觉得拉索"长相一般";而中国科学院国家天文台郑永春研究员更是认为,拉索是在最美的地方建造的一个"最丑"的探测器。拉索的外形完全是按照科学观测的需要设计出来的——在一片荒原之中,有规律地摆放着"铁盒子""水罐子""大水池""筒子"。这很难会让人将此与"探测器"联系起来，更多的是被人误以为是外星人的遗迹，或者是火星研究的神秘基地，这和大多数人想象中的大科学设施"高大上"的颜值形成很大反差。

拉索探测器阵列在最初的设计时就将阵列分为三个部分：由电磁粒子探测器和缪子探测器组成的 1 平方公里地面阵列（KM2A）、7.8 万平方米的水切伦科夫探测器阵列（WCDA）和广角切伦科夫望远镜阵列（WFCTA）。

KM2A 是世界上最灵敏的超高能伽马射线探测装置，由 5 216 个电磁粒子探测器（ED）和 1 188 个缪子探测器（MD）组成。电磁粒子探测器主要用于测量簇射事例的方向和能量，缪子探测器主要用于鉴别到达大气层顶端的原初宇宙线粒子是荷电宇宙线粒子还是伽马射线。

2018 年 9 月，中国科学院工程监理会专家在海子山了解探测器工艺安装进度。

■ 布置在"LHAASO lake"水面上的电磁粒子探测器

电磁粒子探测器阵列

从拉索阵列一眼望去，在起伏变化的场地上错落有致地布置着绿色和白色的小方块，这些不起眼的方块是电磁粒子探测器，可以记录空气簇射过程中产生的次级成分里的电磁粒子，即光子和电子。仅凭"长相"，谁也想象不到这些外表平常的铁盒子到底有什么作用。原初宇宙线粒子进入大气层后，"粒子雨"的前锋面几乎同时到达观测平面，相差仅几纳秒，电磁粒子探测器就是用来测量"粒子雨"中的正负电子、正负缪子和伽马光子；精确测量这些次级成分在某一位置处的粒子数密度和到达时间，用它们可以对原初粒子簇射事例的方向、芯位与能量进行重建。这些测量值对于搞清

2018 年 1 月 15 日，电磁粒子探测器团队进入海子山现场开始安装，首批 33 个电磁粒子探测器（白色方块）是第一个可被看到的"宇宙线信号的拉索工程"先锋。

楚原初宇宙线粒子的性质来说是最根本的，尤其是对于拉索所瞄准的问题——宇宙线起源，电磁粒子探测器提供的几何信息尤为重要。电磁粒子探测器阵列由 5 216 个探测器组成，绿色和白色的外罩将这些长 1.5 米、宽约 1 米的小方箱包裹起来，每个箱子的间距是 15 米，呈品字形均匀排列，是拉索占地面积最大的探测器阵列。电磁粒子探测器的主要探测介质是塑料闪烁体与波长位移光纤制作的探测灵敏单元，内部还包含小尺寸光敏探头、电源系统、电子学系统、温湿度探头等装置（图 11）。

图 11 电磁粒子探测器内部结构

整个阵列上，电磁粒子探测器的分布按照疏密程度分为紧凑的中心区和分散的外围区。当电磁粒子探测器被落入拉索阵列内的事例触发后，外围区记录到的信息对判选簇射中心是否位于中心区起到重要的作用，便于高质量地将那些簇射芯位落在阵列内部，并将前锋面形态完整的事例筛选出来。

电磁粒子探测器与下面马上要出场的缪子探测器组合在一起，称为 KM2A。KM2A 的主要科学目标是针对源天体开展超高能伽马

时任中国科学院副院长的张涛院士（左二）到拉索调研

天文及宇宙线膝区物理等方面的探索和研究。借助 1.36 平方千米的观测面积，以及大视场、全天候等工作特点，KM2A 能够在 20 TeV 以上的能区对伽马源进行巡天扫描观测，并给出精确能谱测量。KM2A 可以实现横跨 4 个量级的能量测量，这就要求电磁粒子探测器的线性测量范围要跨越 4 个量级，也就是说，在 1 平方千米内，不管是 1 个粒子还是 10 000 个粒子，电磁粒子探测器的测量水平都能表现出良好的线性响应，这样重建出来的能量大小才是可靠的。

缪子探测器阵列

拉索阵列里最显眼的就是由 1 188 个圆形"鼓包"组成的阵列，这些整齐排列的"显眼包"就是缪子探测器。每个土堆必须覆盖住置于土层下方 2.5 米处、直径 7 米的水罐子，土堆上面围着一圈红色的防风固沙装置，远远望去像一排排系着红发箍的小包子。探测器的主要部分埋在土层下方，每个缪子探测器可以探测的面积是 36 平方米，1 188 个探测器，有 40 000 平方米左右的灵敏探测面积，是世界上规模最大的缪子探测器阵列。缪子探测器，顾名思义，探测对象就是缪子。高能宇宙线与大气层反应时，实际上是与大气原子中的原子核反应，产生 π 介子，π 介子又会衰变成为缪子和电子、光子等其他粒子。电子、光子很容易与原子核发生反应，缪子比电子重 207 倍，其他性质如带负电荷、参与电磁相互作用等与电子几乎相同但穿透力极强。

直观地描述一下缪子的穿透力——当你走在拉索阵列中时，每秒大概有 150 多个缪子从你的身体穿过，理论上讲它不会对人体造成什么影响，因此可以不必担心。

原初的宇宙线进入大气产生的"粒子雨"中，缪子能量较高，属于相对论性粒子，在介质中的电离能损很小，因此缪子可以穿透厚厚的大气层以接近光速的速度到达地面。将缪子探测器做成土堆的形状，就是要利用这些土堆吸收、屏蔽掉宇宙线次级成分中的正负电子和光子，最终只让次级粒子中的缪子进入土堆内部，在水介质中产生切伦科夫辐射，照亮土堆下面的"水罐子"，触发探测器。如果说电磁粒子探测器"长相"平常，那么缪子探测器则显得更"低调"，探测器中用量最多的

每个探测器都有这样一个"身份证"，打开手机扫一扫就可以迅速确定探测器的基本情况。

材料是最便宜、最容易获取到的土和水，覆土就地取材，实验用水取自高原上的雪水和其他地表水等。来自大自然的水已经非常洁净了，但为了达到实验的指标，我们用水处理系统将青藏高原最为洁净的水再一次净化，处理到水中少有可自由移动的离子，近乎不导电（电阻率为 $18\,\mathrm{M\Omega \cdot cm}$）。原初宇宙线粒子以光速飞向拉索，只

2020 年 12 月 6 日，最后一个缪子探测器钢盖吊装到位，标志着缪子探测器阵列主体工程完工，拉索阵列近 3/4 投入科学运行。

全天候注视着星空的 KM2A

有当原初粒子是原子核时，才会在"粒子雨"中产生相当数量的缪子，而由光子引起的"粒子雨"里几乎没有缪子。所以缪子成了识别原初宇宙线到底是不是光子的重要判据，缪子探测器以"十万里挑一"的概率，大海捞针似的将光子从宇宙线背景中挑选出来，实现"零宇宙线背景"伽马天文探测，这是拉索能在国际伽马天文领域独领潮头的原因，这些外表低调的缪子探测器扮演着不可或缺的角色。

KM2A 凭借强大的宇宙线背景排除能力，成为迄今世界上超高能段最灵敏的伽马探测装置。基于 1/2 规模的 KM2A 在 11 个月内的观测数据，拉索发现了来自天鹅座蟹状星云大于 1 PeV 的伽马光子，并且在银河系内发现了 12 个超高能伽马源，其能谱延伸到了 1 PeV 附近。目前，KM2A 探测到的伽马光子的最高能量为 2.5 PeV，这也是人类迄今为止探测到的最高能量光子。KM2A 规模庞大，在高海拔地区能够全天候、高质量地运行，探测器完好率和有效探测器运行时间比例均超过 98%，这些独特的优势为开展伽马天文及解开宇宙线起源之谜的研究提供了独特的保障。随着 KM2A 的全阵列运行和数据的积累，更多的超高能伽马源正在被发现。KM2A 在超高能段的灵敏度不但远高于国际同类美国的 HAWC 实验 10 倍以上，同时也远高于下一代切伦科夫望远镜 CTA 项目。美国天文和天体物理十年规划白皮书 *Astro-2020（2023—2032）* 中将拉索列为伽马射线和宇宙线研究领域国际领先的实验装置，在可预见的未来 20 年内，KM2A 将是国际上超高能段最灵敏的伽马探测装置。

冰积陇上耸立的缪子探测器，每个内部罐装有超纯水作为探测介质

水切伦科夫探测器阵列

拉索阵列的中央，三个白色顶棚罩着的大水池呈品字形排列，它是水切伦科夫探测器阵列。水切伦科夫探测器主要用来探测甚高能伽马光子。三个水池中的两个是边长150米的正方形水池，一个是长300米、宽110米的长方形水池。三个水池全部是大型全密闭式保温水池，深4.5米，总面积达7.8万平方米，装着35万吨纯净水作为探测介子。

宇宙射线到达地球大气层产生的"粒子雨"落入水池后，会

完成安装即将进入"干运行"的水切伦科夫探测器阵列

产生大量带电粒子。这些带电粒子穿过水池里的纯净水时，会发出非常微弱的蓝光，这就是切伦科夫光。当在介质中运动的带电粒子速度超过光在该介质中的速度时，会发出电磁辐射，其特征是蓝色辉光。这种辐射是 1934 年由苏联物理学家帕维尔·阿列克谢耶维奇·切伦科夫（Павел Алексеевич Черенков，1904—1990）发现的，因此以他的名字命名。水切伦科夫探测器就是用巨大的纯净水作为探测介质，通过捕捉非常微弱的切伦科夫光来测量"粒子雨"。探测器要对单光子级别的光信号进行研究，必须屏蔽所有自然光，因此水切伦科夫探测器内部是一片漆黑的。大水池由隔光帘分割成 3 120 个 5 米 × 5 米的探测器单元，每个单元内水底放置两个光电倍增管（PMT），将微弱的切伦科夫光信号转化为电信号，并记录下来。WCDA 旨在实现甚高能中低能段（100 GeV ~ 30 TeV）

WCDA 安装团队在 −4 ℃的密闭水池中作业

宇宙线的测量，对整个北天区的伽马源开展巡天普查，具有世界上最佳的巡天灵敏度，能快速发现大量伽马射线源。

　　2019 年 2 月 14 日"情人节"晚，一个能量约 30 TeV 的高能伽马射线粒子击中了一号探测器阵列（图 12）。当时的一号水池尚未注水，还处于调试期间的"干运行"状态，这无疑是对探测器性能的检验，如果实验结果偏离预期，则说明前面的工作出现了问题，这让长期处于紧张工程安装的项目团队更加紧张。当大家看到事例后，瞬间兴奋了起来。一号水池的 900 路探测单元中有 872 个被触发。第二天一早，来上班的工作人员看到这一观测结果后，立刻在项目群里将这份"浪漫"传递开来。

20190214/173639/0.180367688

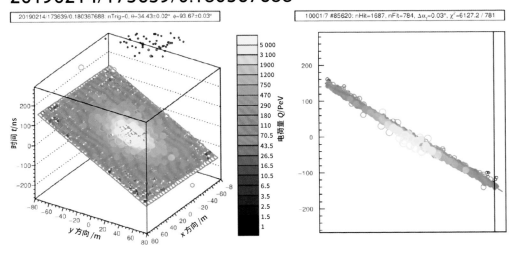

图 12　"情人节"事例

WCDA 一号水池进入"干运行"时的第一个事例，左图中的纵轴为次级粒子击中探测器的时间（以纳秒为单位），横轴是二维平面上的位置，颜色代表电荷量，越亮代表每个探测单元收到的电荷数越多。根据不同探测单元接收到的次级粒子到达的时间和电荷量分布情况，我们可以知道原初粒子到达的方向、芯位、能量等信息。

　　WCDA 是迄今为止世界上面积和体积最大的水切伦科夫探测阵列，在 500 GeV~20 TeV 的甚高能区具有国际上最高的伽马巡天灵敏度。WCDA 为"全时段、全天候"巡天探测器阵列，可以实现不间断观测，捕捉来自于宇宙中未知的伽马射线和宇宙线信号；WCDA 每时每刻都可以对 1/6 天区进行观测，伴随地球自转每天可以扫过 3/4 天区，从而实现对大部分天体进行连续、长时间、有效监测，在时域天文学观测研究方面独具特色；WCDA 有较低的观测阈能，在 100 GeV 仍具有 5 000 平方米以上的有效监测面积，加上全天候与宽视场的特点，在对伽马暴、引力波电磁对应体等短时标爆发现象高能辐射探测方面具有优势；WCDA 有较强的本底排除能力，加上宽视场的特性，可以对银道面的扩展天体源、弥散伽马辐

2019 年 3 月，WCDA 水池内注水至 2.5 米水位时，工作人员划船入池内放置隔光帘。

射、巨泡形辐射天体实现良好的观测。

WCDA 与美国和墨西哥合作的 HAWC 实验相比，灵敏度是其4 倍。WCDA 仅用一年的时间观测就已拥有同领域最好的巡天观测数据。WCDA 已经探测到了 60 多个甚高能伽马辐射天体，并与工作在超高能区的 KM2A 密切配合，启动了对这些天体的能谱、形态、辐射机制的分析，预期将会获得更多、更好的观测研究成果，在探索天体的高能辐射机制、发现新物理与新现象等多方面获得突破。

注水后的 WCDA 内部

广角切伦科夫望远镜阵列

宇宙线进入大气层后，产生大量次级粒子，在空气中以接近光速的速度飞向地面，会产生大气切伦科夫辐射，广角切伦科夫望远镜（WFCTA）就是通过测量这种辐射，结合拉索的多种探测手段同时记录到的各种信息，判断原初粒子的种类、能量等，精确测量 0.1 PeV ～ 100 PeV 的宇宙线分成分能谱，并开展研究。

位于拉索阵列中心的 18 个蓝色集装箱改装的"筒子"，就是广角切伦科夫望远镜，它们指向天空，用来在夜晚收集大气切伦科夫光。蓝色的"筒子"内部装着很多精密的设备，包括硅光电倍增管（SiPM）成像探头、读出电子学系统、反射式球面光学系统、可移动可调节镜筒、电源系统、光子数绝对标定与大气监测系统、检测控制系统和现场调试系统 8 个部分，其中最核心的设备是成像探头，由 1 024 个探测单元组成，类似于蜻蜓的复眼，每一个"复眼"都"盯"着光线到达的方向。

蓝色"筒子"收集到的光在成像探头上形成的像包含了重要原

WFCTA 组在拉索站点装配大厅安装调试球面反射镜

初宇宙线粒子信息。望远镜有切伦科夫光和荧光两种工作模式。在切伦科夫光观测模式下，我们可以通过分析切伦科夫像，实现对宇宙线原初粒子成分的鉴别。在荧光模式下，我们可以很清楚地看到宇宙线空气簇射的纵向发展过程，这是拉索阵列中唯一能够获得这一信息的探测手段，通过对簇射极大位置的分析，我们可以测量宇宙线粒子的成分。

在拉索阵列的众多"眼睛"中，只有广角切伦科夫望远镜在夜晚才"睁眼"望向深空，紧盯着宇宙线在大气中闪出的微弱光亮。如果直接暴露在太阳光下，这种"眼睛"容易被"灼伤"。

在拉索之前，广角切伦科夫望远镜技术使用的是普通的光电倍增管，月光和强光会导致光电倍增管过饱和，望远镜会被烧坏，所以上一代的望远镜无法在有月亮的夜晚和白天开机观测。拉索则采用了

WFCTA 全阵列

先进的硅光电倍增管，解决了在有月亮的夜晚进行观测的问题。

这一改进中用到的核心技术就是微光探测技术。拉索成为国际高能物理界首个使用该技术实现大规模工程化的科学装置，标志着我们在工程上掌握了这种新的微光探测技术。

凭借广角切伦科夫望远镜的成分鉴别能力和能谱测量优势，拉索成为地面成分鉴别能力最佳、能量测量跨度最大、能量测量精度最高的世界领先的超高能宇宙线复合式探测器阵列，将广延大气簇射宇宙线研究带入一个以高精度测量其成分和能量为特征的时代。宇宙线单成分"膝区"能谱是研究宇宙线起源和加速机制的关键。空间宇宙线实验由于载荷的限制，探测器面积都比较小，很难实现对 100 TeV 以上的宇宙线进行高统计量测量；而对于地面宇宙线实验，逐事例的成分鉴别极其困难，目前还未实现单成分样本的分

广角切伦科夫望远镜硅光电倍增管成像相机

离。拉索超高能宇宙线复合式探测系统将首次实现百太电子伏级以上的宇宙线纯质子能谱和铁核能谱的精确测量。

宇宙线起源问题是世纪之谜，要想解开这道最难的题，需要有拉索这样的利器。要建如此庞大一个"天阵"，在设施建设过程中，既要面对来自工程实施方面的挑战，也要有技术层面上的创新。拉索项目团队聚集了一大批各专业、各行业的人员，大家爬上海子山，克服高原反应，克服无人区艰苦的条件，一起搭建起拉索阵列的每一个设备。

拥有不同知识背景的科研人员通过自主创新和国际合作，完成了多项关键核心技术攻关。大科学装置的建设将多年来没能解决

时任四川省发展改革委高技术处处长黄志（右三）到现场调研

的问题一个个攻克，突破了很多技术极限。最终，由电磁粒子探测器、缪子探测器、水切伦科夫探测器、广角切伦科夫望远镜组成，灵敏度、覆盖范围均达国际领先水平的拉索，攻破了一系列难关，如期建成，并投入使用。高能所陈刚研究员说："要做那些突破技

成像切伦科夫望远镜探测技术是国际上近 20 年来十分成功的探测技术。2004 年，曹臻研究员将这项技术带回国，并开始样机研制。2008 年，由高能所自主研制的两台广角切伦科夫成像望远镜在羊八井观测站启动运行，并和已经稳定运行的 ARGO-YBJ 实验成功实现了联合观测，标志着我们在实验能力上完全掌握了这项技术。今天在拉索阵列上负责切伦科夫望远镜研制的核心团队，正是当时在羊八井观测站的两台样机实验中得到了充分锻炼的年轻人。

用 4 年时间研制成功的广角切伦科夫成像望远镜样机，在羊八井观测站与 ARGO 地面阵列展开联合观测。

夕阳下的海子山

术极限的东西，要有前瞻性的目标、大型的设备、尖端的技术、超越技术上限的做法，所有这一切齐备才能称之为大科学。"

2021年拉索项目通过工艺验收，成为具有国际高水平的超高能伽马射线探测装置，也是世界上重要的粒子天体物理支柱性三大实验设施之一。

2021年10月，赵政国院士（左一）在海子山代表专家组宣布拉索通过工艺验收，专家组认为："拉索所有探测器阵列和工艺系统性能指标达到设计要求，三大阵列的总体性能优于验收指标。拉索在超高能伽马射线波段的灵敏度显著优于国际上已有和在建的探测装置。"

拉索巡天的等候与迎接

只有做出世界一流的科学成果，中国的宇宙线科学才能得到国际的认可，学术话语权才会回到我们这里。作为世界上规模最大的宇宙线观测站，拉索建成以后，我国所拥有的就不再是一个单独的宇宙线收集装置或者某个探测技术的望远镜装置了，而是一个由多种探测技术组成的复合阵列，一个可以对宇宙线开展全息测量的综合性研究平台，有人把它称为"航母"式的观测阵列。拉索在青藏高原的边缘列队而站，等待迎接信使的来临，让中国人有机会对当今最重要的科学前沿——高能宇宙线起源问题发起冲击。

在稻城海拔 4 400 多米、空气稀薄的高山上坚守观测是艰苦的，每年 10 月开

寒冷的海子山工地现场负温爆表的温度计

始，海子山的气温就基本在 0 ℃左右了。拉索选址的时候，海子山这片属于无人区，拉索建成后，这片高寒缺氧、物资匮乏的无人区变成了需要常年有人值守的地方。

拉索优秀的设计方案使得它在未完全建成的时候，就产出了重大科研成果。2020 年 1 月，未完全建成的拉索收集到最高 1.4 PeV 的伽马光子，相当于医学诊断用的 X 射线能量（约 10 000 eV）的 1 000 亿倍，是当时，也是目前为止观测到的最高能量光子。研究发现，银河系内普遍存在超高能伽马射线源，这些是能够将粒子能量加速超过 1 PeV 的超高能宇宙线加速器，从而推断年轻的大质量星团、超新星遗迹、脉冲星风云等是超高能宇宙线起源的最佳候选天体。2021 年 5 月 17 日，这一成果发表于《自然》杂志，被《自然》的专业副主编评价为"真正的突破"和"新时代的开始"。之后，拉索精确测量到高能天文学标准烛光——蟹状星云的超高能段能谱，在更广的能量范围内为超高能伽马光源测定了新标准，7 月 9 日（美国东部时间 7 月 8 日），这一成果发表在《科学》杂志上。项目建设期间就取得的两项突破性成果，坚定了我们加快建设拉索的决心和信心，使得一切自然环境带来的困难都变得微不足道，建设拉索的步伐变得更加势不可挡。

在 2022 年 10 月 9 日的伽马暴事件中，伽马暴巨大的辐射流量使许多国际空间卫星实验探测器的探测能力达到饱和，大多数观测仪器出现了短暂失灵或数据堆积的事故。后来，经过全球多个探测器的对比分析，全球科学家公认这是一颗大质量恒星死亡瞬间产生的史上最亮伽马暴，比排名第二的要亮 50 倍左右。在这次伽马射线爆发期间，拉索成为全球唯一一个完整探测到这场伽马暴的地面探测器，拉索在全球首次精确测量了高能光子爆发的完整过程。拉索记录到极高质量的、高达 10 TeV 的伽马光子观测数据，不仅首次描绘出了伽马暴万亿电子伏余辉的光度上升阶段，还发现了极早期余辉的快速增强现象，补齐了这颗恒星死亡瞬间的完整亮度变化曲线，揭示了此次伽马暴成为历史最亮的原因，在人类长达 60 年的伽马暴研究历史上具有里程碑意义。原创性的科学成果不断地从海子山这片神奇的土地涌现，大家惊奇于拉索强大的发现能力，也对未来充满信心。高能所所长王贻芳院士说："我们要做知识的创造

曹臻和王贻芳院士（右）在拉索工程施工现场

者，不能永远是接受者。"拉索正在肩负这样的使命。

一个个重磅级的科学发现无疑是对拉索建设成效的最佳注解。2023 年 5 月，拉索通过国家验收，与会专家一致认为"拉索在超高能伽马射线波段的灵敏度显著优于国际上已有和在建的探测装置""拉索充分利用世界屋脊的高海拔地理优势，成为世界上规模最大、灵敏度最高的超高能伽马射线巡天望远镜和能量覆盖最宽广的国际领先的宇宙线观测站"。

荒原变成热土

自驾川藏线的人，如果从国道 227 线驶入西藏，会路过拉索，游客们多会摆着各种造型和身后的巨大观测阵列合影，这里成为路人打卡的热点；越来越多的学生利用假期来这里参观，拉索逐渐成为青少年研学活动的目的地；盛夏时节，也会看到年轻的情侣在站区拍婚纱照，拉索在雪山、巨石之间，成为高原上一道独一无二的风景。

拉索所在的海子山地区是青藏高原上最大、最典型的古冰体遗迹区域，在海拔 4 500 ～ 4 700 米的山原面上密布着 1 145 个大小海子，附近有各种类型丰富、形态完整的冰蚀地貌，冰川漂砾随处可见。

2015 年之前，这里是一个连牦牛都很少来的地方。随着大科学工程建设逐步推进，以高能所为主的核心团队 90 余名科研人员、22 个高校院所、40 多家企业投入其中。常有藏族的同胞在工地务工，有些甚至全家都在工程上。穿梭在工地，可以听到藏语和多个地方的方言；午餐时间，可以闻到川菜、糌粑和酥油茶的混搭香味；工歇时，偶尔还会听到诵经的声音。一支由科学家、工程师、技术工人等组成的建设队伍，一项在高原上为期五年的轰轰烈烈的科学工程开始了，海子山不再孤寂。

在拉索站区的入口处，立有一块纪念碑，碑文这样写道：

"拉索"是"十二五"期间启动建设的国家重大科技基础设施，是党和国家面向世界科技前沿的前瞻谋划，是中国宇宙线研究的一次跨越发展。在中国科学院和四川省人民政府的支持下，中国科学院高能物理研究所和国内相关院校、企业团结协作，只争朝夕，数以千计的建设者不畏极难，甘受极苦，披荆斩棘，前赴后继，各参建单位工程人员、参研科学家、技术人员、民族同胞在严酷的建设环境中辛勤付出，仅用四年时间就建成了世界上最灵敏的

荒原变热土

超高能伽马射线探测装置和甚高能伽马巡天普查望远镜，以及能量覆盖范围最宽的"膝区"宇宙线测量系统，打开了超高能伽马天文学观测新窗口，使我国在宇宙线科学研究领域实现了国际引领，为我国迈向世界科技强国提供了强有力的支撑。在工程建设中，建设者们以"挑战高海拔，战胜不可能"的意志，以"缺氧不缺精神"的决心，在践行高水平科技自立自强的使命担当中，凝聚成强大的"海子山精神"，伴随工程的竣工永久地矗立在雪域高原。

在稻城测控基地展厅里的一块石头上，赫然写着的"海子山"三个字，为詹文龙院士书就。随着拉索的建成，"海子山"一时间成了中国宇宙线科学的新地标。中国的宇宙线实验从 20 世纪 60 年代的云南东川落雪山开始，到 80 年代末的西藏念青唐古拉山，再到现在的四川稻城海子山，穿梭在群山之间的一代代宇宙线学人也有了山的气质——坚硬、不可磨灭。"海子山"三个字凝结了拉索建设者的精神意志，也是几代宇宙线学人一以贯之的精神传承。他们的科学热情在高山上激荡，让荒原变成了热土。

翻过这座山，
寻找那道光

■ 拉索人在海子山的荒原上守候宇宙信使
（《四川日报》何海洋 摄）

念奴娇·高海拔宇宙线观测站

神山远眺,看稻城揽月,亚丁迎日。宇宙飞来光电子,内蕴起源音息。阵列恢宏,地空水下,观测寻无极。见微知著,溯洄河外踪迹。

回想破土当年,高原艰苦,依旧惊心魄。能量超高难辨析,研发只争朝夕。射线狂飙,已收眼底,蟹状星云逸。建成良器,探求天道规律。

李定
原中国科学院基础科学局局长
2020.09.19

星火燎原

拉索精神的铸造与传承

"拉索"在藏语中的发音是"好"的意思，但为了成就今天这个"好"，"拉索人"经历了很多"难"。

在海拔4 400多米、气候条件极其恶劣、空气稀薄且寒冷的高山上，建一个庞大的、离宇宙更近的工程，需要克服重重困难。

　　如今，无论是自己走在拉索排列整齐的阵列中，还是带人来参观，面对海子山上这片我们亲手构建的"天阵"时，我们都感慨万千。回想初到时几乎是无人区的海子山，我们钟情于这里天然适合建设大科学装置的环境，也苦恼于这里艰苦而苛刻的条件。我们在构想建设拉索的时候已预判过，这不是件容易的事，否则也不用在提出构想前做那么多年、那么多次的数据分析和实地考察。中国宇宙线事业的几十年发展，不是一帆风顺的，我们的前辈从国外背回设备的时候没有退缩过，那么我们面对这片荒野的时候，也不应该退缩。

　　拉索项目建设和后期科研工作体现的海子山精神就是要挑战极限，我们要把"做不出来"的事情做出来，

再闯无人区

多数探索，是要去无人区，科学探索就是要去认知上的"无人区"，尤其是基础前沿领域。拉索观测到的是人类此前没有观测到的记录，是前人从未抵达的地方，是宇宙探索的无人区。

从落雪山实验室开始，中国的宇宙线研究一直在走"高山路线"，拉索一直围绕着西藏、青海、云南和四川的部分高海拔地区选址，所到之处基本是人迹罕至的区域。为了给拉索找到一个理想的站址，我们在青藏高原上的无人区持续探索了六年。

开始，曾计划将拉索放在云南海拔比落雪山高的山上。落雪山实验室是我国第一个宇宙线观测实验室，海拔 3 180 米，是中国宇宙线实验研究的发轫之地。在宇宙线学人的心里，对站址的选取除了在科学需求上的考虑之外，或多或少还有种情怀——希望能够回归宇宙线"故乡"。我们在锁定的云南省迪庆藏族自治州香格里拉一带详细勘察，骑着马在大雪里走了几十千米，从海拔3 000多米走到海拔4 000多米，但我们对现场条件的综合评估结果并不满意，尤其不满意的是现场的地质条件，会让建设成本大大增加。

2014年秋天，我们的团队第一次登上海子山。海子山之所以被称为海子山，是因为它上面密布大大小小的冰蚀湖和沼泽湿地。作为喜马拉雅山造山运动中留下的、青藏高原最大的古冰体遗迹，山上冰蚀岩盆和大小不一的花岗岩漂砾遍布。这座坐落于青藏高原边缘的山，与成都的直线距离近400千米，驾车要走11个小时；与北京的直线距离约1 800千米，乘飞机需要先到成都再转机稻城。平坦开阔的地势，丰富的地表水资源，距最近的机场开车仅需15分钟，紧邻国道，除了遍地的巨石让基建工程师看着头疼之外，这里

■ 场地准备初期的原址状况

拉索选址途中

的综合条件似乎都能和我们选址的预期完美契合。海子山完美地符合拉索选址的全部需求，从此与宇宙线研究结缘。环顾四周，荒凉苦寒，这里确实是一个无人区，到处灰扑扑的，积雪尚未消融，附近山头上蹲着狼，这就是海子山给我们的第一印象。后来我们开荒平地建拉索时撵走了狼，狼跑到外围的地方活动，但每晚大家仍能听到狼的号叫。

每年10月中旬，这里的温度基本就降到0℃了，当身处"北国"的同事还沉醉于"故都的秋"时，这里已经下过好几场大雪了，我们常能碰到在雪中觅食的狼和狐狸。这样的场景并不陌生，我国的高山宇宙线实验从起步时，就一直与风雪同行，与星空相伴。

2015年5月，冯少辉在海子山勘察确定拉索阵列中心点。

2015年7月，詹文龙（时任中国科学院副院长）到海子山候选站址考察，一个月后，詹文龙代表中国科学院和四川省人民政府签署了共建拉索的合作协议。图中左起王嘉图（时任中国科学院成都分院副院长）、詹文龙、曹臻、陈刚（时任高能所副所长）。

2016 年 9 月，曹臻（左二）、王学定（右四）在工程现场察看地方配套工程进度。

海子山选址原始地貌

■ 建成后的拉索

挑战高海拔

　　拉索项目的建设，由一群面对恶劣条件仍会迎难而上的人们扛起。自然环境再恶劣，天气情况再糟糕，高原反应再强烈，工作任务再繁重，也没一个人退缩。这些人勇于克服困难和对科学研究无私奉献的精神，从拉索选址开始就熠熠生辉，一直到拉索交工建成，这种精神在这些年里，始终推动着拉索项目的进程。

　　拉索项目现场观景台下立有一块红色的牌子，上面写着一句话："无论有多大的困难，都要去克服，再困难还要去克服，克服就是要去做这个做不了的事情。"这块牌子与距它不远的项目

全名牌两相呼应，红蓝交辉，对曾经和正在这里工作的人来说，这不仅是在给自己打气，更是一种信念。

海子山上有 1 000 多个湖，河道遍布，地面基本由沼泽、巨石组成。为避免陷入沼泽，我们早期在场地巡查的时候都要在石头上跳着走，行进非常困难，在里面绕一圈要一天时间。后来开工修了路，情况才慢慢好起来。

高能所的工程师彭盈盈是前期基建工程建设团队中的主力，也是建设团队里为数不多的女性。拉索的配电工程是通过单独设立电力专线实现的，而在既是自然保护区又是热门景区的稻城，专线的架设方案面临地埋还是架空的选择难题。地埋方式维护成本低、建设成本高，文旅部门希望地埋，这样天际线看不到电线杆，自然景观不受影响；架空方式费

工程师彭盈盈（左）与基建总工邓春勤（右）在施工现场

用低、建设周期短，能最快保障观测站的施工用电，环保部门希望架空，这样不需要开挖，对环境的破坏扰动最小。2016 年的深秋，为了更好探究专线路径情况，彭盈盈沿专线路径徒步踏勘，跨过溪流、越过巨石，体会了上气不接下气、头晕目眩的痛苦，高原从此给她留下了心理上的恐惧。

　　高原反应几乎是所有来到高原的人都要面对的共同挑战。"缺氧不缺精神"是建设者们在大自然面前不退缩的气魄，但在客观上，精神代替不了氧气，精神和氧气都需要。拉索工程建设地点位于远离中心城市的高海拔无人区，没有基本的医疗救护条件，长期在站上的工作人员的健康和安全是个问题。中国科学院行政管理局（以下简称"行管局"）对此展开调研，并制定详细、有效的方案，高能所参建人员均被列入重点保障团队计划。行管局组织专家来高能所提供"上门服务"，专程奔赴工程现场展开义诊和健康培训，把健康理念、医疗知识、常用药品器具、体能测试仪送到了工程建设一线，其间，一名藏族女工被发现有肺气肿，随即送到成都医治。在义诊现场，来自北京的医疗组专家"似乎"眼里只有工程建设者，忘记了自己也会有高原反应的风险，北京市中关村医院呼吸与危重症医学科的孙丽主任因说话过多、连续工作，出现了较为严重的高原反应，"呼吸科主任呼吸困难"一时间成为拉索的"典故"。

　　拉索项目建设时间之短，工程规模之大，技术难度之高，这些难点最终耦合在一起，在中国宇宙线实验发展历史上是第一次。恶劣环境条件还不是我们面临的最大考验，最大的考验是科学装置的最初设计。这个工

孙丽主任初到高原，因连续义诊，出现严重的高原反应而不得不吸氧休息。

作要综合多种因素，涉及多方面的考量，不仅需要专业技术上的判断，还是对我国相关行业制造能力和水平的考验。众所周知，科学目标必须要有一定的高度，要具有前瞻性，定低了无法领先国际水平；但如果定太高，投入了大量人力、物力、财力却落不了地，最后就有可能"烂尾"。国际上因目标定得太过超前导致项目中断的工程，不乏先例。所以，拉索在开始设计的阶段是最艰难的，也是我们最花心思的，我们已数不清经历了多少个不眠之夜。

高原降温特别早，混凝土在低温下无法达到规定强度，工地用碘钨灯抵抗高原夜间的低温，成为海子山的一道风景（新华社 金立旺 摄）。

不熄的灯火，不睡觉的我们

在平均海拔约 3 700 米的稻城县，每晚最后熄灭灯火的有两处，一处是尊圣塔林，另一处就是与之隔河相望的拉索测控基地。对于在站工作的人，熬夜是家常便饭，按时任稻城县发展和改革局局长更登曲批的说法，"稻城来了一群不睡觉的科学家"。不睡觉一半是由于工作通宵达旦，另一半是因为不适应高原，难以入睡。高能所每年会组织职工体检，参加拉索建设的团队，有为数不少的人尿酸指标偏高，且远远高出了平均值，不符合这个以年轻人为主的团队的特征，有人调侃他们"是四川的火锅吃多了"。行管局负责"3H 工程"①的工作人员专门召集医院的专家研判，最后得出结论是熬夜"超标"。WCDA 系统负责人刘成就是几乎不睡觉的人之

---

① "3H 工程"是中国科学院"大后勤"支撑体系的一项重要举措，由"housing"住房、"home"家庭和"health"健康三项工程构成。

WCDA 水池钢结构作业（新华社 金立旺 摄）

一。每当加班结束，在海子山返回测控基地的途中，刘成总会被头顶那璀璨的星空所吸引，"有的闪烁似孩童般明亮的眼睛，有的温柔似亲人充满爱意的眼眸，虽然远隔千里，但又感觉是近在咫尺的陪伴"，全身的疲惫在那一刻一扫而空。正是对星空的向往，支撑着拉索团队的每一位成员，他们用自己的方式践行勇于挑战极限的海子山精神。

同一个"星空下"的我们

大科学装置工程之"大"，不仅仅体现在其科学意义重大、投资体量和建设规模超大，还体现在工程的建设组织庞大、工程的工艺技术接口繁复、涉及行业领域众多。工程相关主管部门的管理者、决策者、科学家、工程师、工人、支撑服务人员，等等，在这个各司其职、互相成就的复杂系统里，缺了哪一个都不行。

不同于一般基建队伍，拉索的团队不仅有工人，还有很多跨界变成"工头"的科学家。在工地上，我们这群刚从实验室走出来的人被工人尊称为"工头"，在尊重背后，他们多少对我们抱有一种"四体不勤，五谷不分，脚不着地"的预判。但做"工头"，就必然要和工人打交道，要双脚落地，把自己变成工人。

拉索建安分总体负责人吴超勇就是最早进入场地开始基建工作的"工头"之一。今天看拉索的航拍图，是巨大的圆盘落在翠绿的草地上，壮观中透着齐整和优雅。它能变成今天的样子，正是由于这支建安队伍的存在。2015年，吴超勇进入建安分总体后，每天的主要工作就是找各个建筑单位来开会，一方面是把我们的需求描述、解释给他们听；另一方面通过他们的反馈，可以学习一些规

水是保障拉索实验成功的生命线，这条水渠不知道走了多少遍。

范，因为国家对施工规范有严格的标准。有时候一天开四个会、跟四个单位见面，不断地学习、不断地去这些单位考察，看看人家做的东西，更新我们自己的知识。我们的想法会比较直接一些，他们的操作又要求规范，于是大家就想办法，既要照顾到安全部分，同时又要跟我们的需求贴近。我们主动往前，他们也主动靠近我们，最后合在一起。整个工程就是以这样不断沟通的方式达到目标的。

海子山的地貌复杂多变，布满了巨大的花岗岩漂砾，有些甚至有整间屋子那么大，这给建筑施工带来巨大难度，施工工程团队面临着前所未有的挑战。海拔太高，气候严寒，人在不工作的情况下都会缺氧，干起体力活就更加难受。这样的环境无论在生理还是心

维护人员在 WCDA 的屋顶上作业（《四川日报》何海洋 摄）

理上，对于施工的工人们都是很艰难的。

　　拉索工人招募人数最多的时候达到 600 人。最初来的一批工人，大约 50% 因为适应不了高原的艰苦环境离开了。留下来的人要在这样的条件下用半年的时间完成一年的工程量，后来他们主动三班倒抢工期，每天都要与身体的不适做斗争。有一位东北的小伙子留了下来，半年后完工走的时候，他看起来疲惫苍老，完全看不到刚来的时候那干净清爽的样子了，但他却说："在这里我待得非常难受，但是能给国家做事情，我非常自豪。"还有一个工长在完工时特意拉着我们要拍照片，他说："这张照片是要发给我儿子的，听说我们在为科学家做事，他非常开心。"

　　工人里资历最老的是杨刚，大家都叫他"老杨"，老杨是拉索的常驻工人，在高能所工作了几十年，是见证宇宙线从羊八井到海子山建设发展的"活化石"。20 世纪 90 年代，高能所研究员谭有恒等人在怀柔建宇宙线观测设施时，有高中学历的杨刚就从四川老家跟着谭有恒来到了怀柔基地，跟着科学家们跑前跑后。谭有恒手把手教他安装探测器。20 世纪末，我国第二代宇宙线探测装置——羊八井观测站建设时，他又跟着谭有恒来到了羊八井，干中日合作的

杨刚在稻城测控基地组装探测器

AS γ 实验、中意合作的 ARGO 实验，硬生生把自己干成了"技术大拿"。有时候探测器发生运行故障，在北京的专家还不能及时、准确地做出判断时，杨刚在现场就已经搞定了。再后来，他又跟着我们来到了海子山。这一路走来，杨刚亲眼见证了中国宇宙线探测阵列从怀柔观测基地的几十个探测器，到羊八井观测站的几百个探测器，再到拉索的几千个探测器。

工人们像杨刚这样看着宇宙线"成长"的不多，多数甚至一直到施工完成也不知道宇宙线是什么，但他们身上却共同拥有一种最朴素的情怀——他们觉得自己在为国家做一件大事，他们认定拉索是"用来做科学观测的""这个工作非常了不起"。为了让工人们更好地理解安装工作，了解探测器，高能所的研究员、博士们经常在现场开展科普报告会，台下的工人们听得极为认真。

拉索工程地处藏族人民生活的地区，在 1 平方公里地面阵列的开阔场地上，有时多达 600 人在同时作业；有不少人是来自当地和周边县城的藏族工人，高原对于他们来说"根本不算事儿"，所以理所当然成了很多安装工作的主力军。拉索的每个探测器安装团队都闪现着藏族工人的身影，很多人就来自于拉索建设所在的稻城县桑堆乡，他们不仅有丰富的高原生活经验，还在施工环节中时不时地贡献"金点子"。

在为 WCDA 20 英寸^①光电倍增管配备配重时，机械负责人李凯遇到了一点困难。WCDA 中的光电倍增管需要沉入 4.5 米深的水

---

① "英寸"是英制中的长度单位，符号为"inch"，1 inch=2.54 cm。

高博指导三位藏族工人安装光电倍增管（左起高博、尼玛、拥清、泽仁），
拥清和泽仁是稻城隔壁的乡城县来拉索务工的藏族工人。

下，这就需要给光电倍增管配重，配重管是按浮力计算的，然而，
在给配重管填充满砂石后，我们发现光电倍增管的质量还不能完全
达到要求。大家开始讨论是否加长配重管或者换密度较大的填充
料，队伍中的藏族工人中拥提出了一个想法，往砂石配重管里继续
填充水，这样质量就达到要求了。这个简单而有效的建议立刻得到
大家的认可，问题迅速得到了解决。

　　拉索的建设者们来自于多个民族、多个行业，他们有着不同
的专业技术背景、不同的学历、不同的民族文化。参加拉索工程的
建设者数以千计，庞大的工程团队需要紧密的配合，需要充分的沟
通和理解。建设者们能够顺畅交流，得益于所有人对科学的崇敬之

肖冬（右）和陈康在做日常的水质监测工作
两位"90后"藏族小伙子已在站工作5年，是拉索观测站负责水运维的主力。

情，大家都希望把工程干好。就是在这种情感的维系下，从实验室里走出来的科学家们领着一帮工人，在拉索实现了一个又一个苛刻的工程指标。这些一线的劳动者用他们质朴纯粹的奉献，给拉索的故事写下了重要的一笔。

　　除了工人以外，我们团队科研人员的故事也很多。这些专业不同、领域不同的博士们凑到一起，都是因为这个大工程。他们中有研究探测器的，有学机械的，有学电子学的，也有土建专业的；有做物理研究的，也有一天到晚就在机器上面编写程序的，还有从事高性能计算的，等等。在我们这个领域里，做的小实验实在太多了，但通过系统性地干一个大工程得到经验，最后实现一个非常重大的科学目标，这种锻炼和经历是完全不一样的。他们的初心也很简单。人生在世，尤其是搞科研的人，谁不梦想参与一件前无古人、后无来者的大工程？大实验项目是许多科学家一生的期盼，但未必都有机会实现。

与很多建成后才能运行的大科学装置不同，在拉索这样的分布式阵列上，"边建设、边运行"的模式显现出了优势。在工程建到1/4的时候，它已成为一个"五脏俱全"的设施，而且安装一批，就可以运行一批。因此，拉索在还没全部建成时，科研成果已经发表在了国际顶级期刊上。拉索取得的成果，是工程建设、工艺安装、设施研制、物理分析等各个环节辛勤付出和密切配合的结果。

康德曾说："有两种东西，我对它们的思考越是深沉和持久，它们在我心灵中唤起的赞叹和敬畏就会越来越历久弥新——一个是我们头顶浩瀚灿烂的星空，另一个是我们心中崇高的道德法则。"我们做宇宙线研究的人，面对的研究对象不是巨大到时空尺度的宇

"星空下"创新文化空间
拉索测控基地办公楼里的这处安静区域是工程建设者在这里休闲思考的地方。

宙，就是微小到不能再分的基本粒子，同时还要探寻复杂现象背后的简单规律。星空之上是真理，星空之下是几代人在高山奋斗、舍身忘我的纯粹科学情怀，是他们精益求精的治学规范。来到海子山，我们发现还有许许多多和我们一样的人，在跟我们一起追求极致，虽不同职业、不同民族，但在同一片星空下。

既然选择了，就坚持下去——电磁粒子探测器阵列

海子山的气候条件决定了它每年的施工期其实只有半年，工程现场有半年是冻土期，土建工作完全没法开展，但工艺安装的工作正好可以在基建退场后，利用冬休期完成，因为如果错过一个月，实际上就会错过半年，最终影响全年进度。2017 年，主体工程开工，拉索整个团队上紧了发条，开始和时间赛跑，不管是基建工程还是工艺安装的各个环节，都需要密切配合，统筹推进。

2018 年 1 月底，全国沉浸在迎接春节的喜悦中，好多人已经

吕洪魁（左）、乔俊磊标定探测器位置

踏上了返乡过年的路。海拔 4 410 米的海子山气温直逼 −30 ℃，这个季节是稻城全年最冷的时节，工地上的基建施工单位陆续撤离。一支由盛祥东、刘佳、吕洪魁等 8 人组成的电磁粒子探测器攻坚分队逆向而行，从北京来到稻城，开始了拉索探测器建设的第一步。2 月 4 日，首批 33 个电磁粒子探测器完成安装，组成的覆盖面积约 600 平方米的阵列顺利通过测试，实现稳定运行，并且成功观测到宇宙线事例。直到 2021 年 7 月 1 日全阵列建成，电磁粒子探测器阵列共计完成 5 216 个点位的安装，历时约 1 280 天。

电磁粒子探测器是一种塑料闪烁探测器，探测灵敏单元由小尺寸光敏探头、电源系统、电子学系统、温湿度探头等众多元件构成。复杂的内部结构和庞大的探测器数量，意味着设计、组装、安装、调试等每一环都"不省心"。从设计的角度上来讲，我们已经从羊八井观测站的实验上积累了大量的经验，高能所在

刘佳（左）、左雄在安装探测器

■ 乐观的拉索人

探测器研制、电子学、数据获取技术上有不可替代的优势力量，但要达到拉索的要求并非易事。再加上这样的探测器有 5 000 多个，每一个都要做细致的测试和标定等，直到最终安装到海子山，高能所不可能"包打天下"。集中力量办大事是指导原则，除了技术合作上的考虑之外，"通过一件事，培养一批人"，避免"单打独斗"，打开合作格局，为未来的发展培养更多青年人才，也是拉索联合更多科研院所通力合作的原因，国家工程需要团结国家力量。电磁粒子探测器的研制工作由高能所牵头，联合了山东大学、中国科技大学、河北师范大学、清华大学、西南交通大学、中国科学院空天信息创新研究院、中山大

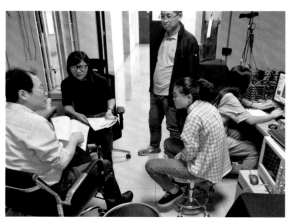

光电倍增管批量测试平台在山东大学通过鉴定验收（左起盛祥东、姚志国，以及山东大学刘栋、于艳红、张恒英）。

学、内蒙古工业大学等国内多家单位合作。

山东大学承担了电磁粒子探测器的整体测试标定任务。此任务对测试的精度有着极高要求，位置分辨需出色，同时能适应大批量的成熟作业，"一般人不敢接这活儿"。祝成光带领山东大学团队发展出一套性能优越的宇宙线测试系统，成功完成了对电磁粒子探测器所有指标的测试工作，同时按照要求，将每项测试结果都规范

地录入数据库，便于工程的质量跟踪和故障反馈。祝成光团队和高能所负责探测器安装的刘佳团队进一步合作，研发并完善了电磁粒子探测器的测试流程和实验数据分析方法，摸索形成了故障检测与维护的方案。电磁粒子探测器之所以能够按期成批量交付，山东大学的贡献非常关键。高能所和山东大学在宇宙线研究上的合作，从1978年西藏甘巴拉山高山乳胶室的实验就开始了，在往后的中国宇宙线发展大事记中，都能看到这一合作结出的丰硕果实。

5 216个探测器，从预研到设计、安装、调试，科研人员前前后后用了13年的时间，年纪大点儿的已经有五十多岁了，一批成长起来的年轻人刚来的时候二三十岁，项目完成时已经快四十岁了。往回追溯，最开始的时候，很多年轻人还没有什么经验，就是靠一股干劲儿一路走了过来。在我们所有人看来，参与这个大项目确实辛苦，但同时也非常幸运。

2017年12月底，博士毕业不到一年的吕洪魁突然接到一项任务——前往海子山，为即将上山的首批33台电磁粒子探测器给出精确的定位，这个任务的重要性不言而喻。第一次从实验室来到海

（左起）张笑鹏、祁业情（河北师范大学）、乔俊磊（内蒙古工业大学）将探测器安装在巨石上。

子山，吕洪魁被现场的复杂情况惊呆了，场地内的地势崎岖不平，高差能达到几十米，探测器需要部署在各种复杂的地形中，包括岩石、泥土、草丛、河流、沼泽等。为了精确定位到每台探测器的规划位置，脚踝骨伤尚未痊愈的他，不得不一手持 GPS（全球定位系统）设备，另外一只手拄着拐杖，艰难穿行在这些地形之间。每个去过稻城的人脑海中都有对高原上搅着沙尘的寒风的记忆。定位工作只能集中在每天上午进行，下午趁风力转弱时也可以继续，其余时间，要躲在租来的面包车里分析数据。两个月后，首批 33 台电磁粒子探测器成功观测到拉索首个宇宙线事例，取得了工程建设的开门红。

在一名科学工作者的一生当中，恰逢自己所处的时代遇到拉索这样一个国家有实力并且愿意大力支持的大项目，这绝对是一个极

在缪子探测器安装现场察看（右起曹臻、何会海、白云翔）

其难得且异常宝贵的机遇。在国家支持的背景下，一件事情只要大家用心去做，一定可以做到非常好，甚至做到极致。

决不将就——缪子探测器阵列

目前来说，拉索的缪子探测器阵列是世界上最大的，灵敏面积大概有 40 000 平方米，比我们小一点的、第二大的探测器阵列是20 世纪 80 年代美国的 CASA-MIA 实验，其缪子探测器的灵敏面积只有 2 000 多平方米，是我们探测器灵敏面积的约 1/20。探测器灵敏面积的大小，关系到拉索对光子鉴别能力的强弱，只有缪子灵敏面积占整个拉索覆盖面积的比例足够大，才能有足够的准确率辨认出伽马光子。大有大的好处，大也有大的难处。缪子探测器阵列工

（左起）肖刚、辛广广（武汉大学）、袁向飞在海子山调试探测器
包括测量探测器的单缪光电子数（NPE）、波形后沿衰减时间（decay time）、高压回读值、慢控制数据等。在探测器完成初步安装后，开始时间间隔为一周的连续两次测试，数据比对如果稳定，则说明探测器工作正常。

在海子山现场搭建水衰减长度测量装置（左起袁向飞、李聪、肖刚）

程的主要难点是工程量非常大，这个工程量目前在世界同类型的实验装置里是绝无仅有的。第二个难点是我们的探测器主要部分在土层以下，需要非常高的稳定性、可靠性。为此，我们做了相当长时间的预研，从各个方面研究，比如说从实验上、光电倍增管大小的选择上、电子学的设计上，包括最后在工程上怎么实现、安装上怎么实现，一连串的问题我们都做了充分预研。从 2009 年开始，一直到 2017 年的八年时间，我们都在预研。2015 年，我们完成选址后将 1 188 个探测器点位都勘探了一遍，这样我们才能预判在以后的建设过程中会遇到什么样的实际困难，采取什么样的应对、解决方法……机会是留给有准备的人的，这么大的工程，涉及这么多细节，在准备工作上，拉索团队任何一个环节都努力做到极致，从不将就。

　　稻城地处高原，地表的年平均温度为 3.9 ~ 4.4 ℃，极端低温为 -26.1 ℃，冻土深度最大可达 167 厘米。安装在地下的缪子探测器一旦发生水体结冰，将会对单元探测器造成不可修复的损坏，如果发生大面积探测器水体结冰现象，会导致整个阵列失效。早在2015年，缪子探测器团队就进驻稻城开展保温实验，缪子探测器采用自然保温措施保持"水罐子"不被冻坏。探测器的保温效果取决于多个因素，其中最关键的一点就是探测器灌装时的水温。缪子探测器在覆土之前需要灌装超纯水，如果超纯水注入时的初始温度（T_0）太低，就无法保证地温在最低点时，"水罐子"不被冻住，所以 T_0 要足够大，灌水实际上也是储能。2018年秋，安装工作迫在眉睫，工作人员必须赶在气温下降前完成现场灌装。缪子探测器负责人肖刚带领团队紧急奔赴海子山，即便这样，稻城的第一场雪仍然走在了安装队伍前面，和着风雪，顶着高原反应，安装团队艰难地完成了第一批50个缪子探测器的安装。

何会海（右一）等在缪子探测器安装现场

随着安装工作的展开，预期中最担心的问题也逐渐发生。负责现场安装的李骢发现探测器之间存在明显的不一致性，这说明在施工的某个或某些环节存在隐患。为了尽快找到风险点，不影响安装进度，李骢需要对探测器的各个环节逐一排查，他只能白天测试，晚上回到测控基地还要分析当天的数据。为了及时得到结果，李骢几乎每天都要加班到凌

李骢（左）、李哲在海子山工程现场讨论排查电子学板问题

晨。他经常会在半夜因为发现一点儿蛛丝马迹而兴奋，然后根据当晚的结论制定第二天的实验任务计划。经过连续一个月的奋斗，最终锁定了问题的根源——信号的不一致性来自于水袋内衬材料反射率的差异。

作为世界最大的缪子探测器阵列，其安装工程在克服困难、达到目标的同时，也让年轻一代宇宙线科研人员得到了历练、增长了见识。科研人员把它们看作是自己的孩子，看着它们出生、长

大……很多年轻人也伴随着这个工程的壮大而慢慢成长起来，成为团队的中坚力量。他们中的许多人在刚接触这些繁杂的探测器的时候，在很多地方都是懵懂的，但在这个过程中，他们的知识结构和工程经验都得到了不同程度的提升。都说时代造就英雄，时代也造就人才。中国宇宙线研究的每一代年轻人，都是在前辈们的带领下，代代传承创新，他们以坚韧不拔的精神，使得拉索创造了三项世界之最。我们赶上了大好时代，我们现在做的事情，是我们的前辈，或者是前辈的前辈曾经梦想但却无法实现的事情，但如今被我们实现了。

苦中有乐——啃水切伦科夫探测器这块硬骨头的人

本书两位作者曹臻（左）和白云翔在水池安装现场

拉索往前走的每一步都在过关，都在啃硬骨头。

WCDA 位于拉索的阵列中间，是三个大水池，其中一号和二号水池分别装有 10 万吨纯净水，三号水池装有 15 万吨纯净水。

按照实验要求，水池液位需保持稳定，偏离标准值不超过 10 毫米，即不超过水体总量的千分之三。如果超过这个数值，就表明水池发生了较为严重的渗漏现象；如果漏水严重，水池底部则会发生不均匀沉降，严重威胁水池的结构稳定。建设一号水池的时候由于经验不足，出现了防渗膜破损导致渗漏的问题，后面又进行修补，花了很长时间。到建设二号水池的时候，经理部提出了严格的要求，对现场的工艺程序和检查程序做了进一步优化，严防这种情况再发生。二号水池闭水实验的效果非常好，所有人都很兴奋，大家还在下山的路上打起了雪仗。

在南京北方夜视公司的光电倍增管玻壳生产车间察看封装情况（右起曹臻、刘成、陈明君、李会财、高博）

WCDA 一号水池启动安装时，已经是冬季，池内阴暗湿冷，平均温度在 −4 ℃，即便是在高原上，湿度仍然长期在 90% 以上。刘成作为现场运行工作的总协调人，白天带着工人分组进行探测器安装，晚上工人离场后，又与同事一起留在水池内，继续进行注水前的设备上电调试，一干就干到凌晨一两点钟。对于负责 WCDA 的刘成等人来说，他们在这项任务中面临的最大挑战是没有经验可循。组内的人都是第一次参加这么大的项目。我们在羊八井观测站前期虽然做了长达八年的预研，但是我们当时的规模是"3×3"的，即 9 个单元探测器规模的阵列。现在这个阵列总共有 3 120 个探测器单元，近 350 倍的规模的变量，没有人有这样的经验。

　　巨大的水池中装着35万吨纯净水，水池底部安装有很多晶莹剔透的"玻璃泡泡"，这些"玻璃泡泡"就是水切伦科夫探测器的"眼睛"——光电倍增管，可以将微弱的光信号转化成电信号，是实现大水池单光子灵敏的"命门"。这种探测元件不仅广泛应用在高能物理实验上，在医疗器械、化学分析仪器、石油勘探、核探测技术等领域也有大量的应用。拉索需要的大尺寸光电倍增管集多项高精尖技术于一体，在世界上只有日本滨松公司一家掌握，除了拉索之外，高能所的江门中微子实验也有大量的采购需求。然而，技术不在自己手里，在国际采购谈判中，我们完全处于被动地位，日本滨松公司拥有绝对定价权。如果不能控制成本，仅是光电倍增管这一项都会让预算超支。为了彻底改变这一局面，由高能所牵头，

安装20英寸光电倍增管（左起中拥、多吉、李凯、刘成）

联合北方夜视科技研究院集团有限公司、中国科学院西安光学精密机械研究所、中核控制系统工程有限公司和南京大学等单位，从2011 年开始，展开了长达七年的产学研合作攻关。2018 年 6 月，我国自主研制的高时间分辨率 20 英寸微通道板型光电倍增管正式下线，并在随后的拉索竞标中，以其渡越时间离散小、时间一致性好、暗噪声小等卓越性能，成功中标，拉索的大水池用上了国产的"玻璃泡泡"。"玻璃泡泡"的成功研制及量产，大大提升了国内企业在超大型电真空器件的创新能力和国际竞争力，打破了这一领域长期被国外垄断的状态。这种以大科学工程需求为牵引、由科研机构牵头、以企业为创新主体的产学研合作模式，成为最大化发挥各方优势并形成合力的创新典范。

泡在水里的"玻璃泡泡"必须进行防水封装，这是一项任务量极大的工作。放到 4.5 米深的水里，要承受水的压力，内有高压电，

陈明君（左）、曹臻在水池内讨论

漏水就会短路，所以要进行防水封装。我们用了一年半的时间，完成了 2 270 只光电倍增管的防水封装工作。封装好之后，还面临着安装调试的重任。冬季太冷，拉索无法进行基建施工，为了保证工期，设备安装时间被安排到了寒冷的冬季。

2018 年 10 月，一号水池探测器开始安装，水切伦科夫探测器进驻海子山，它的进场相当于吹响了拉索项目攻坚的号角。没有一个人掉队，每个人都在咬牙坚持，坚持不住了就看看旁边的同事，看到他们也在咬牙坚持，就觉得自己也可以再继续坚持一下。就是靠这样的意志力，用了两年多的时间，2021 年 1 月，三个水池的探测器安装调试工作圆满完成，水切伦科夫探测器这块"硬骨头"终于被啃下，负责人陈明君却瘦了 17 公斤。

苦是苦，但苦中找乐也是在海子山工作的科研人员们的一大本

WCDA 池内工艺安装完成后工作人员合影

事。水切伦科夫探测器注水之后水深 4.5 米，安装设备要在水里划船，两个人一只船，大家都没有划船经验，开始的时候在水里原地打转是常事，非常影响工作效率，船上的两个划船生手都认为是对方划的方向不对，安装工作简直成了水上探险。大冬天，科研人员在阴冷的水池里安装设备后满身疲惫，但在回来的路上，看到旷野大山、漫天大雪时，却不禁赞叹这风景太美，想到有人可能终其一生也难得一见，更是心满意足。有时下班后一推开操作间的门，腰酸背痛里无意中抬头，海子山上的星空就像"长"在头顶，伸手可得，忽觉这样的满天星光已多年未见。因为拉索而遇见的浪漫，使得为拉索吃的所有苦都变得值得。

去星辰大海——广角切伦科夫望远镜的"护眼人"

高远的科学目标需要有先进的设施做支撑，先进的设施又要靠超高的工程技术指标做支撑，指标背后离不开一群精益求精的"强迫症"。

广角切伦科夫望远镜这个"大箱子"的内部装着很多精密的部件，最核心的是由硅光电倍增管组成的相机。如果把望远镜比作眼睛，那么硅光电倍增管相机就是它的视网膜。

每台望远镜的硅光电倍增管相机内有 64 块前放板，用 16 对 20 个引脚的连接器来焊接固定，18 台望远镜的所有前放板总共有 368 640 个这样的焊点，每个偏差不超过 0.1 毫米，只要有一只连接器焊接精度达不到，整个前放板就会报废。为了保证良品率，相机系统负责人杨明洁调研了很多地方。刚开始，工厂做出来的成功率只有 20%，远远达不到要求，大家都简单地认为是焊接厂的工艺出了问题。杨明洁马上驻厂，直奔焊接车间的生

杨明洁在海子山进行 SiPM 成像探头
安装调试工作

曹臻（右）、张寿山在现场检查电子
安装情况

产线，跟物料校对员聊、跟锡膏印刷员聊、跟元器件贴片员聊、跟

炉温控制员聊、跟质检员聊、跟返修员聊、跟制板员聊，后来，她逐渐认识到问题出在哪里——在电子学板设计时，我们给精密焊盘作业的安全距离留得不够，导致连锡短路，影响了良品率。通过在生产线上约束、规范、跟进每一个工艺细节，前放板的焊接成功率最终超过95%。在这个过程中，杨明洁了解到焊盘加固技术，了解到钢网厚度和焊锡膏湿润度对锡量的控制，了解到贴片机"吸嘴"的硬度对贴片精度的影响，了解到炉温对焊接牢固性的影响，甚至学会了如何操作电子放大镜来检验焊接品质。一路走下来，原本是粒子物理学博士的杨明洁，硬是把自己逼成了电子学制版焊接的"老师傅"。干工程不能"纸上谈兵"，要"食人间烟火"，要将理论转换成实践。拉索工程让许许多多像杨明洁这样的原本在实验室的"书生"脱下博士帽，走出实验室，奔赴第一线。

在最开始的设计中，望远镜的相机采用的是普通的光电倍增管。但对于这台望远镜来说，普通的光电倍增管有一个致命的缺点——在较强的光线下使用

广角切伦科夫望远镜在海子山进行设备调试
（左起曹臻、张寿山、杨明洁、游志勇）

会降低其寿命，更强的光线甚至可能会将其烧坏。如果这样，那这个望远镜不仅无法在白天开机，就连在有月光的晚上都难以开机。为了确保有足够长的探测时间，我们做出了"临阵换将"的重大决定——用硅光电倍增管替换原来的光电倍增管，这是一个很大的技术上的改变。从"光电倍增管"到"硅光电倍增管"，一字之差的背后是一连串的技术挑战。尽管该技术在工程实施上还有不少的困难，存在风险，然而，要想看到风景，就得登上险峰，这一决定得到了拉索工程科技委员会全体专家的认可。硅光电倍增管与光电倍增管比，结构上很紧凑，在曝光环境下也不容易坏，这些优点负责人张寿山很清楚，但随之而来的问题也让他头疼。硅光电倍增管的暗噪声比较大，我们在做信号读出的时候就需要特别考虑怎么控制和压制其噪声；另外，作为一个半导体型的光电器件，硅光电倍增管的温度效应非常大，一个夜晚下来温度会变 16 ℃，它的增益系数也能"飘"百分之十几，我们就要做一些针对性的温度补偿，将温度效应抵消掉。

问题一个接一个。广角切伦科夫望远镜总共使用了 18 432 片硅光电倍增管，每台相机零部件加工和测试、整机的组装和测试都要高标准完成，这不是一件小事。我们联合了云南大学，共同开展关键器件的选型、测试，以及电子学和光学系统设计工作。云南大学物理与天文学院院长张力教授给予支持，在学校搭建了专门用于望远镜相机的光学实验室，来自合作组不同院所的专家常常聚集在这里，激烈争论至深夜。相机装配和测试负责人葛茂茂没少"抠脑壳、掉头发", 直到 18 台广角切伦科夫望远镜相机通过验收, 他才睡了个好觉。验收会上, 大家兴奋地说: "10 年前, 我们国家能够制造宇宙线探测器的单位屈指可数, 现在又多了一家, 就是云南大学。"我国的宇宙线高山实验发端于云南东川落雪山, 距离云南大学约 240 千米, 从那时起, 云南大学就是中国宇宙线发展的中坚力量, 直到拉索, 云南大学始终是这一领域的中流砥柱。

前进的路上, 总会遇到各种各样的问题。望远镜中的另一个关键部件——光学反射镜也遇到了技术上的挑战。如果说硅光电倍增管相机是望远镜的"视网膜", 那么反射镜就是可以聚光的"眼角膜"。望远镜的"眼角膜"做起来同样不容易, 一台望远镜需要 25 面镜子, 将 25 面镜子拼成一个完整的球面镜, 拼装和调试非常讲究, 定位精度要求非常高。我们通过微调镜子后面的三个螺杆控制

首台 SiPM 相机子阵列在云南大学完成安装
（左起乃翔宇、李尧、葛茂茂、杨明洁、李国栋、凌梓雄、鲁睿）

镜面指向，将原本杂乱的 25 个光斑尺寸调整到很小的范围，这需要两人高度配合。一台球面反射镜的安装和调节，至少需要 15 个小时，光学系统负责人王玉东在海子山上一待就是一整天。

环境特别恶劣，工作人员不仅要克服高原反应，也要克服强烈的紫外线照射。望远镜初期的组装工作可以在厂房内进行，但望远镜最后还是要放在外面。在室外进行的安装工作很辛苦，工作人员遇到的困难有刮风、下雨、下雪等气候变化，也有因身体、情绪、工期紧迫带来的压力。我们做的工作大多是以前完全没有做过的，在摸索中进行，有需求就去解决，但解决问题的同时也怀疑过结果，毕竟每个人面对的都是自己负责的这一小段，质疑是正常现象，好在困难最终都被克服了。拉索队伍中的年轻人有个最大的

广角切伦科夫望远镜正在吊装

特点——挑战越大的时候，他们的冲劲越足。他们知道自己最终的目标是星辰大海，所以要不断走向未来，即使这个航程不是一帆风顺，但只要不放弃，一步步往前走，终能抵达。

通用技术部——为拉索"供氧、输血"

　　拉索关键的几个数字有——5 216个电磁粒子探测器、1 188个缪子探测器、35万吨净化水、5万吨超纯净水……这些数字分布于1.36平方千米的高原，一个远离工业城市的荒野，要想让这些数字所关联的设施正常工作，显然不是一件轻松的事。通用技术部的工作就是设计并组织建设供配电、供配水的系统，为其"供氧、输血"，以实现拉索探测器装置连续、安全、稳定运行。承担这项任

务的专业团队很少被人看到，却又不可或缺。他们负责设计和建设整个科学装置的供配电、超纯水制备，负责上万路探测单元的通信线缆敷设。如果通用系统发生故障，拉索也将"休克"。

拉索通用技术部主要分为两个子系统，一是工艺供配电系统，二是工艺供配水系统。运行过程中，工程师们同样要克服诸多困难，并针对现场情况不断调整创新工作方式，攻关解决一系列技术难题。

拉索户外配电箱外壳接地电阻不超过 3.8 欧姆；意外断电时，60 秒内启动备用电源，全阵列恢复供电；6 413 台户外探测器通电、通信，430 台户外配电箱通电、通信；23 000 芯光纤检测调试；650 千米的各类线缆敷设、测试、接线、调试。系统负责人王博东每天早上一睁眼就是这些数字。

在 KM2A 线缆敷设过程当中，我们采用的是带端敷设的方案。所谓带端敷设，就是将每个单元线缆末端的连接器熔接好，然后进行穿管敷设。带端敷设的施工难度在于线缆末端的连接器很"娇气"，怕灰、怕水、怕被尖锐的物品刮花，保护不好，这个"娇气"的连接头就会损坏。

在工程现场讨论水处理的方案
（左起王博东、陈明君、曹臻、吴超勇）

拉索实验中要用大量高质量的水作为实验的探测介质，因此，我们需要制备大量净化水和超纯水。但是山上不像城市里会有被净化的自来水，我们只能收集天然地表水和雪山的融化水。这些水的成分很复杂，原水水质很不稳定，给我们净水、超纯水制备系统的工艺设计带来很大的挑战。水循环系统的负责人张月雷回家办完婚礼第二天就返回海子山继续"治水"。针对稻城地区原水总有机碳（TOC）的特点，他研制了一种适用于海子山原水水质的活性炭工艺，明显优化了 TOC 的去除效果。拉索对 TOC 的要求是其质量浓度小于等于 0.4 毫克每升，比较严苛。

通用技术团队在海子山现场排查问题，左起车留鹏（内蒙古工业大学）、张月雷、王博东。

一开始达不到，后面通过技术攻关达到标准。现在，WCDA 的三个水池里面的 TOC 可以稳定保持在 0.2 毫克每升，已经明显优于当时初设的指标，也满足实验的需求。

拉索的建设历程给很多人留下了美好的记忆。他们认为在这个项目里能遇到很多不同专业的高手，大家在一起工作对自身多方面的能力都有很大的提高。在高原上干大科学工程的经历，尽管让人有时"喘不过气来"，但也是人生中有重要意义的、难忘的几年，是极其宝贵的人生财富。他们说："稻城沿途景色很美，累了一天，在回程大巴车上看看路边的格桑花，远处的山、牦牛，就感觉美景能安抚人的心灵，让人的疲劳得以舒缓。"每当"拉索""新科学成果"这些字眼出现在新闻里，团队成员的自豪感都是满满的。就是这样一支团队，在不断磨砺自身本领的同时，攻克技术难关，像一个个守护者默默地为拉索保驾护航，持续支撑一线科研的高水平创新能力。

数据平台技术部——从不高反的拉索"大脑"

拉索像是个大圆盘，静静地"躺"在高山之上，它在守株待兔一般等待着天降机遇。看似"躺平"的拉索，实际上是个高度警惕的宇宙线猎手，无时无刻不在收集宇宙线信息。

拉索探测器在设计之初，我们就预计它每年会产生几十拍字节（PB）级的数据。1 PB 是 1 024 TB，1 TB 是 1 024 GB，也就是说 1 PB 约是 100 万 GB。我们普通人的手机存储量一般是 256 GB 或者 512 GB，最大的有 1 TB 的，做下对比就能想象到这个数据有多庞大……这个数据量超过了高能所以往所有实验的总量。这么大的数据量，怎么存、怎么传、怎么算，对于数据技术来说都是挑战。经过技术方案评估，我们决定在海子山建立一个数据中心。但在高海拔地区建数据中心，在国际同类实验中，可参考的案例少之又少，这又是一个要靠自己摸索的工程。

2017 年数据平台的人初登海子山时，别说机房，连房子都没有，完全不具备机房建设的基础条件。按照工程要求，2018 年元且，第一批数据要传到北京；2019 年 7 月，机房要正式启用。要在这种情况下，迅速给拉索建设一个"大脑"——数据中心，数据平台系统负责人程耀东的压力比海子山还大。

暂且不说庞大的数据量和对数据处理速度的要求向拉索数据平台技术人员提出了挑战，大家没想到的是，连有个机房这样简单而必须的事，在海子山上也变得非常困难。谁都想象不到，当时拉索的临时机房，是用工程施工队撤场后留下的简易钢架房改造而成的，那是之前厨房用来蒸馒头的房间。临时机房的条件就更不用说了，夏天，机房里的积水能有十几厘米；冬天，冰溜子能结一米多长。电力和温度都不可控，时好时坏，断电是常有的事。工作人员在临时机房咬牙挺了 20 个月，到 2018 年 10 月，工程现场才终于有了建设标准化机房的条件。不过，曾经蒸馒头的地方条件是差了点儿，但发挥了大作用，2018 年 2 月 3 日，拉索接收到的第一个宇宙线事例，就是从海子山的"蒸馒头机房"里传输到北京的。

建成一个标准化机房在平原地区很简单，但在高海拔地区就比较困难。从最简单的材料采购、运输开始，都要前期规划调配好，哪个环节的调度都不能出问题，任何一步都会影响工期和进度，后续甚至会影响整个数据平台的运行。数据平

王新华（右）和在站工作人员刘红勋在海子山
排查机房线路

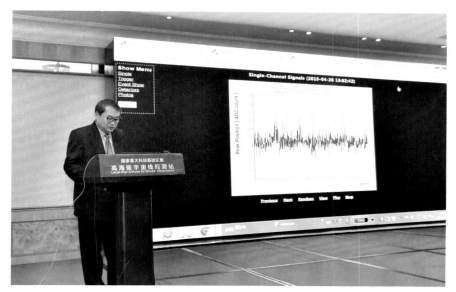

2019 年 4 月 26 日，拉索科学观测启动会现场与海子山连线，展示实时数据监测。

台基础设施负责人王新华的记事本上密密麻麻写满任务。

机房在高海拔地区的稀薄空气里运行，制冷系统也面临着考验，这和平原地区也是完全不一样的。制冷系统要保障机器安全稳定运行，也是一个难题。人可以高反，拉索的"大脑"不能高反。

随着一个接一个软硬件技术难题被攻克，2019 年 7 月，海拔4 410 米的机房正式启用。有了正式的机房后，我们信心大增，将其建成"全国最牛的数据中心"，这里不仅可以实现无触发式自动获取数据，数据读取速度还高达 4 GB/s，拉索从此实现了可以在无人值守的情况下全天候运行。

虽然建设数据中心的这段时光艰辛而又紧张，但大家心里留下的是一种不同以往的底气与乐观。拉索的每一个小团队都有其特质和精神，拉索整个团队的精神是"不怕困难、敢于挑战"。进门处红色的标语牌平凡得像一句唠叨，但它给每个路过的人带来鼓舞。施工现场矗立的简陋篮球架，上面用白漆写着"LHAASO"，触动着每个在这样艰苦的环境之下创造奇迹的工作人员的心。环境虽然很苦，但我们从未忘记生活，简单、健康、积极、乐观，哪怕只是篮球架下一次缺氧的投篮。

工艺方案评审会后，在稻城测控基地集体留影。

时钟同步系统——给"雨滴"授时

拉索要研究宇宙线起源问题，最重要的就是要搞清楚宇宙线粒子来的方向。宇宙线原初粒子被大气撞碎后的次级粒子到达地面，触发了海子山上分布着的探测器，拉索就是通过记录探测器的"着火"时间，通过各个探测器之间微小的时间差，还原"粒子雨"落地时的前锋面，以此重建原初粒子的方向。每个探测器都需要得到一个精准的时间，时间精度决定了拉索探测的方向精度。来自清华大学的龚光华团队将这一精度做到了世界同类技术的最高水平。

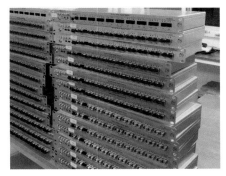

时钟分配系统的交换机
时钟同步技术的同步精度优于 0.2 纳秒。

拉索有四种探测器，地面阵列有上万路读出通道，分布在 1.36 平方千米的野外。给这个庞大系统提供精准时间的系统是高精度多节点远距离时钟同步系统，也被称为"小白兔"。这一名字来源于童话故事《爱丽丝梦游仙境》中一只身上挂满各地时钟的"白兔先生"。在拉索工程中，"小白兔"的主要任务是确保探测器节点能够精准对时，让拉索能够测量宇宙线"阵雨雨滴"散落在不同位置的时间，进而重建整场"阵雨"。值得注意的是，"雨滴"飞落的速度是光速，而到达不同探测器的时间差仅为 10 纳秒，"一眨眼"的工夫，几十场"粒子雨"过去了，给"雨滴"授时谈何容易。

2021 年 8 月 28 日，时钟分配与数据系统性能工艺测试，左起陈学雷（中国科学院国家天文台）、张重阳、刘江来（上海交通大学）、叶一锰（清华大学）、张勇。

摆在龚光华团队面前的是近万根线缆的不同时间延迟、高海拔、低气压、大温差等重重困难，还有高时间进度、高可靠性、易于维护

清华大学龚光华团队
（时钟分配系统研制团队，左起董建蒙、叶一锰、龚光华、张建峰）

等高标准。

原本，"小白兔"技术主要用于加速器中的授时，其精度为1纳秒。面对拉索的情况，清华团队和高能所的科研人员反复研讨，提出了运用物理层同步、时间戳对准、相位测量和补偿、延迟自动校准等多种技术，为分布式节点提供实现高精度频率源广播、亚纳秒时间同步和千兆网络传输带宽的方案。

然而，在海子山哪有什么事能够一帆风顺。这个技术最早是针对粒子加速装置等大型物理设备的，所以环境适应性的问题第一时间就被摆上了桌面。在海子山的初步测试中，最核心的WR交换机散热风扇在高原野外环境下的寿命严重缩短，仅3个月，所有设备

（4 台）的 8 个风扇就全部"牺牲"了，导致核心器件温度很快飙升到 100 ℃。

有问题就解决。针对高原野外环境，我们很快设计制作了无风扇定制版 WRS-FL 交换机。改进效果非常显著，原本相对环境高达 60 ℃ 的温升被降低为 25 ℃ 左右，即便在炎热酷暑的 40 ～ 50 ℃ 环境中，核心设备的关键器件也能保持在 70 ℃ 以下。在改进散热的同时，我们"顺手"做了很多优化：进一步提升了系统的同步指标，降低了相位噪声，降低了设备的整体功耗，采用了三防和防尘措施，增加了光纤的远程管理端口……2019 年年底，1/4 阵列全部用上了改进型 WRS-FL。

意外来得猝不及防。2020 年 4 月 24 日开始，随着稻城的连续降雪，WRS-FL 持续升温，很快突破了 70 ℃ 报警阈值，直冲 90 ℃，高温警报在海子山此起彼伏。此时，现场气象站报告的气象温度数值只有个位数。

听到这个消息的我们是震惊和不解的。工作人员经过各种分析对比和讨论，排除了很多因素，例如配电柜中安装的 WRS-FL 数目的差异，WRS-FL 连接的探测器数目的差异，不同批次版本设备的差异。我们开始怀疑是积雪堵塞了配电柜的进风口或排风口，或者是个别设备的散热组件质量或安装有问题。但第二天现场情况出现了变化，没有再出现温度报警，这个问题也就被搁置了。

5 月下旬，连续几天强降雪，警报再次响起。

龚光华带队直接到海子山，清理配电柜顶部和四周地面的积雪，在配电柜内部安装风扇，用纸板遮挡配电柜顶部，用防雨布包裹配电柜，用纸板在配电柜四周搭建围挡，用高反射的 Tyvek® 膜贴在配电柜四周。

两天后，问题清楚了——海子山的积雪充当了高原太阳的反光镜，从各个方向炙烤配电柜的宽大立面，整个配电柜变成了一个烤箱，怀揣时钟的"小白兔"患上了"瑞雪热厥症"。我们给配电柜贴上了一层铝箔反光隔热膜，很快，现场的配电柜就披上了亮闪闪的"铠甲"，雪后的反射效应被极大抑制了。由于铝箔的隔热保温作用，设备夜间的温度也比以前提高了，即白天隔热，温度压低，夜晚保温，温度提高，双向压制了温度波动范围，为设备创造了更理想的稳定运行条件。经过了三年的运行考验，白兔系统成功克服了"瑞雪热厥症"。

科学实验装置除了精心设计、严谨测试，还要随时解决现场出现的种种意想不到的情况。龚光华团队研制的"小白兔"将上万个探测器的时间精度做到惊人的 0.2 纳秒以内，这一突破性的技术让拉索"看得更准"。

---

① Tyvek：一种特殊工艺制成的高密度聚乙烯材料。

拉索位于海子山国家级自然保护区内，所在区域高寒缺氧，植被一旦被破坏，难以在短期内恢复到原有水平。拉索在设计之初就考虑了这里脆弱的生态系统，制定了一系列保护措施，控制和减小对保护区的不利影响。施工前，我们将原生草皮移植保存起来，珍贵的腐殖层被集中堆放、定期养护，局部施工结束后立即回敷草皮和腐殖土。2021年，时任四川省委书记的彭清华到拉索调研时，特别肯定了工程在植被保护上的做法。

拉索的词典没有"不可能"

　　拉索从提出构思到国家立项，到开工建设，再到建成后运行，直到获得每一个重大发现，每一天都在超越前一天，都在挑战"不可能"。

　　在 1 188 个缪子探测器中，有几个安装点位施工难度极大，曾被视为"不可能"。

　　这些探测器所在位置恰好在场地内的一个小山头上，这个小山头布满了房子大小的巨石，在这里安装探测器，需要先清除巨石，挖掘深坑，并进行精密布局。因建设难度太大，在原计划中，我们曾考虑放弃这些区域的探测器安装。但随着阵列的半数开始运行和物理分析的逐步深入，我们意识到如果这些地方开了"天窗"，将影响整个阵列的探测效果，影响事例的质量。拉索"强迫症"们下定决心，向"不可能"进发，再难也要将设计之初的这一遗憾补上。科研团队与施工方反复勘察现场，调整施工方案，最终在原本不适合建造探测器的冰碛垄上，完成了这些探测器的安装。

水切伦科夫探测器的大水池看上去"平平无奇"，然而多项指标超出行业标准，即便是在四川省以建设大坝水库闻名于世界的专业队伍面前，这些指标也是巨大的挑战。在跟总包单位中国电建集团成都勘测设计研究院有限公司沟通时，我们提出了单光子水平的避光，每天万分之一的防渗，-30 ℃不结冰，以及防尘、防污、防腐的要求，设计团队直呼"不可能"，尤其前三项，让设计方和施工方心里都没底。设计团队在没有国家标准参考的情况下进行创新设计，最终采用了"薄壁混凝土现浇边墙＋软基土工膜防渗系统＋大跨度轻钢屋面结构"的设计方案。这一设计不仅在国内属于首创，而且满足了探测器在避光、防冻、防锈蚀和水位保持等方面的超高指标要求，最终一举拿下了四川省建设工程的最高奖项——"天府杯"金奖。水池的基础建设投资只有1.6亿元，相对于其他大型项目来说并不算高，但其技术含量极高，在评选时，评委给出了全票通过的结果。这是对科研人员和工程师在拉索工程中的精诚合作取得的成果的肯定，也是对他们坚定不移地追求卓越和极致的肯定。

在海子山工地上，有这样一句标语——战胜高海拔，挑战不可能。这让很多人感觉精神振奋，也会让有轻微恐高症的人更加"头大"。单是面对高海拔，就让很多人望而生畏，还要经受来自工程上、工艺上的各种"不可能"的考验，这便是拉索的特点。

在 2009 年构想拉索计划之初，我们就意识到，这么大一个科学装置不可能靠高能所独立完成，一定要联合中国科学院内外的相关科研机构共同开展工作，推进工程的同时，也培养人才。拉索设计和建设期间共有 22 家合作院所、40 余家参研企业，形成了一个庞大的协作网络。这个网络不仅覆盖了拉索项目本身，还向外扩展到更广泛的科研领域。建设期的 22 家院所也是未来科学合作的设施用户，前期的深度参与让科学用户更深刻地理解实验，为后期的科学合作和成果产出奠定了基础。只有集合众多高校、科研院所和企业的智慧与力量，才能真正推动国内宇宙线研究的发展。

在拉索项目的推进过程中，多家高校展现出了卓越的科研实力，攻克了多项关键核心技术。清华大学、云南大学、山东大学、四川大学等与高能所在拉索项目中的合作都产出了重要的成果。"小白兔"这

2015 年 10 月 20 日，高能所和四川大学
签署拉索合作协议现场

个高精度多节点远距离时钟同步系统让6 000多路探测器的时间误差小于0.2纳秒，在大视场成像切伦科夫望远镜中首次大规模使用新型硅光电倍增管，自主研发了世界上尺寸最大的光电倍增管——20英寸超大型光电倍增管，等等。这些创新和突破无不挑战了行业"不可能"，彰显了我国在科技领域的实力。

为了进一步扩大拉索项目的国际影响力，来自中国、俄罗斯、泰国、瑞士的28个天体物理研究机构和高校也组成了国际合作组，共同利用观测数据开展粒子天体物理研究，以及宇宙学、天文学、粒子物理学等多个领域的基础研究，继续挑战"不可能"。

2019年4月26—27日，拉索科学观测启动仪式在成都和稻城召开，会上宣布首批探测器正式投入科学观测。图为工程建设人员及国际专家在稻城观测基地现场合影。

新视界，新使命

　　七年选址、预研，六年建设，我们最终将拉索这一"天阵"成功安放在海子山上，我们既是建设者，也是向着未知宇宙进发的"孤勇者"。面对国外一些质疑的声音，我们仍然坚信"宇宙永远超乎你的想象"。

　　拉索工程以其优秀的科学工程设计方案和苛刻的工艺细节要求，在综合观测性能上占据了三个"世界之最"。电磁粒子探测器和缪子探测器的联合，构成了当前世界上灵敏度最高的超高能伽马射线探测装置。与国际同类实验相比，其灵敏度远超曾经的引领装置 HAWC，甚至超越了尚未建成的下一代伽马射线望远镜 CTA。此外，WCDA 是全球最灵敏的甚高能伽马射线源巡天观测装置，其探测器面积和灵敏度为 HAWC 实验的 4 倍。缪子探测器、电磁粒子探测器、水池和望远镜这四种不同的探测设备，共同构成了能谱覆盖范围最广的超高能宇宙线复合式立体测量系统。

我们有信心建成拉索，并达到我们设计之初向国家承诺的指标，底气来自于我们国家的整体制造能力，来自于中国高山宇宙线 70 年来不停歇的奔跑。在拉索建设之初我们就坚信，拉索建成之后必然会有激动人心的新发现，这个自信来自于拉索的高能伽马探测灵敏度可达到前所未有的水平，等到拉索睁眼看宇宙的那一天，它所看到的也必然是前所未有的。

很快，拉索的卓越表现就让我们不断感受到宇宙的无限神奇。在拉索初具规模后发生的事，超出了我们所有人的预期。2020 年 4 月初，当拉索阵列刚完成一半时，一个令人惊讶的发现突然出现在人们的视野中。

一缕曙光划破了高能伽马天空，这是前所未有的现象。经过 3 个月的验证，这一曙光被确认为我们期待已久的超高能伽马光子。

在 2021 年的春天，我们通过《自然》杂志向全球宣布了一个令人震惊的消息——拉索观测到能量达 1.4 PeV 的伽马光子，比人类在地球上建造的最大的电子加速器产生的电子束的能量还要高 2 万倍左右，直逼高能天体物理中电子加速标准模型的能量上限。

这一结果让理论物理学家不可思议，有些人私下表示："如果你们再观测到一两个超高能量光子，我们的理论将会彻底崩溃。"然而，随着更多超高能量光子的出现，理论物理学家们并未因此而"崩溃"，反而被卷入了一个全新的领域——超高能伽马天文学。

到了 2022 年，拉索又取得了更加惊人的发现。在当年 10 月 9 日 21 点 17 分，地球接收到来自宇宙深处有史以来最亮的伽马暴（GRB 221009A）。这场持续了 20 分钟的爆发，被拉索一分不落、不偏不倚地准确捕捉到，拉索成为全球唯一一个完整探测到这一伽马暴的地面探测器。这一观测打破了多项伽马暴的观测纪录。

苍天不负苦心人，努力的背后也有运气的眷顾。欧洲人专门为射线暴的观测建设了一台 MAGIC 装置，可被称为"史上最强伽马暴"发生时，欧洲正好转到了地球背面，没有朝向它，因此 MAGIC 抱憾未能捕捉到这一壮观的现象。

有一次，在西班牙参加学术会议时，一位国际同行抱怨道："这不公平，老天爷对你们太眷顾了。我们努力了 20 年，却什么也没有看到。"在与《科学》杂志的编辑分享时，我们这样回复："我们拥有最顶尖的探测器，因此我们能够做出最杰出的发现。"

在拉索项目国家验收之前，国内学者基于拉索发表的期刊论文就已经有 215 篇，会议论文约 156 篇，随着研究的深入及高水平合作的开展，拉索的成果产出持续保持上升态势。

拉索凭借灵敏度的绝对优势，为人类打开了一扇窗，新的发现接踵而至，一次次打破传统认知，像是一颗颗投入平静水面的"深水炸弹"，在国际宇宙线界掀起了一次次学术讨论的狂澜。

这不是一个"STOP"，而是一个"START"①

随着在《自然》和《科学》等权威学术期刊上发表的一系列成果，曾经备受外界质疑的拉索项目，如今已逐渐成为该领域的焦点。2021年，拉索的科学成果连续两次登上中国科学院的科技创新亮点成果榜，入选由两院院士评选的"2021年中国/世界十大科技进展新闻"。拉索发现史上最亮伽马暴的极窄喷流和10 TeV光子这一成果入选了2023年度"中国科学十大进展"。目前，国内外已有31个学术机构加入拉索的国际合作组中，相关的学术活动空前活跃，研究成果丰硕。美国粒子天体物理委员会将拉索列为未来10～20年的追赶目标，并计划在南半球建立类似的装置以赶超我们。

---

① 在2022年初，曹臻面向拉索工程团队发表新年寄语："拉索已经在2021年涅槃，从一个1.3平方千米的建筑工地脱胎而成为一个最灵敏的超高能伽马望远镜，最具挑战能力的'膝区'宇宙线探测装置，但这不是一个'STOP'，而是一个'START'：充满发现潜力的观测站、未来更高精度的伽马望远镜、未来更广阔国际合作的起点，这里是年轻人的大舞台，未来可期。"

拉索结合了超强灵敏度和大视场这两大优势，不但能够发现伽马源最亮的核心辐射区域（也就是用传统望远镜看到的源），还能够通过精确测量伽马射线分布，尤其可以通过测量伽马射线强度与源距离变化的规律，"看见"宇宙线从源区注入星际空间的过程，这对于我们了解宇宙线的传播行为有重要意义。这种探测能力，在搜寻宇宙线的起源方面非常有用，使我们能够追踪宇宙线从其加速源被加速的过程，以及从加速源向外扩散时与环境物质的相互作用的过程，从而更有效地确定源天体的物理特征和天文特征，进而确定宇宙线的源甚至其加速粒子的机理。

拉索的全天候、全时段、大视场观测能力，还非常有利于捕捉罕见的瞬时天文事件，例如剧烈的伽马暴事件、超大质量黑洞驱动形成的活动星系中心的耀发现象、新星的爆发现象、超新星的爆炸等。这些现象通常发生在非常遥远的星系，甚至与我们有几十亿光年的距离，收集并破解宇宙信使携带的这类天体活动的稀有的、重要信息无疑对增进人类对宇宙的了解非常重要，尤其是这些"惊天动地"的宇宙大事件发来的高能量信使，它们具有极其重要的科学价值，以至于少数几个光子就可以对现有模型或理论产生颠覆性的影响。

在科学研究的竞速场上，"赶超"与"被赶超"是一个螺旋交替的过程。我们从被认为是"零"的阶段一路走来，过去几十年，我们一直在追赶别人。现在，拉索站在国际前沿，起到引领作用，也必然会面临新的问题，被追赶也会成为常态。海子山是新的起点，但绝不是终点，我们除了要立足现有优势、做出原创性的科学成果，还需要更具有前瞻性的长远战略规划。

新的观测窗口被打开，新的发现开辟新的科学研究领域，观测手段上的革命性突破，必然使我们发现大量出乎意料的新现象，同时也对我们提出新的挑战。拉索的发现表明，"宇宙中广泛存在超级加速器"，一场由新现象引发的认知"革命"悄然而至，对下一代探测技术提出更高的需求。第一，"宽视场 + 高灵敏度"成为未来探测能力的标配，这方面拉索已经取得了长足的进步。第二，在高分辨率的基础上，还需要有非常高的灵敏度。一般来说，传统的定点观测天文装置具备足够的角分辨能力，如成像切伦科夫望远镜技术的空间分辨率比拉索高 5 ～ 8 倍，能够有效分辨候选宇宙线源区域内的各个天体，然而遗憾的是，探测灵敏度只有拉索的几十分之一，因此，寻求有效的方法提高高分辨率望远镜的灵敏度是当务之急。第三，要开展深度的多波段、多信使的联合观测，推动多信使天文学进入快速发展阶段，尤其是开展有组织、跨单位、多台（套）大科学装置联合的建制化研究，有力地增强在该领域的发现能力，孕育重大的科学发现。

为此，我们凭借拉索的灵敏度优势，大幅提升角分辨率，提出了大型切伦科夫望远镜阵列（LACT）的计划。将高角分辨的成像切伦科夫技术运用到拉索，充分利用拉索阵列中的地下缪子探测器阵列对伽马事例的鉴别能力，保持灵敏度的同时，进一步提升拉索的高角分辨率。不久的将来，拉索 1 平方公里地面阵列的场地上将

大型超高能伽马源立体跟踪装置示意图

布设由多个子阵列组合而成的大型成像切伦科夫望远镜阵列，该阵列的望远镜总台数将达到 32 台，单台望远镜视场达到 8°，采用新型的硅光电倍增管相机技术确保有效开展月盲观测，在晴朗的冬夜实现约 12 小时的连续观测。LACT 让拉索实现了"高灵敏度 + 高角分辨"的"高配"，可以针对若干重点关注的宇宙线候选源天体实现超过 500 小时的连续深度曝光，某些重要的源甚至可以达到 1 000 小时的曝光量，在 100 TeV 以上实现与拉索同等的灵敏度，辨明具体的发光天体，进一步确定辐射机制及其背后的粒子加速机制。

在宇宙线家族里，伽马光子和中微子是解决源头问题最为理想的信使，拉索成功覆盖了伽马天文学这个领域，然而我国在中微子天文实验布局上仍然是空白，要长期保持我国在宇宙线研究领域的引领地位，需要一举拿下中微子这个"山头"。由于极难被探测到，中微子被科学界认为是鬼魅般存在的"幽灵粒子"。中微子间很难发生相互作用，直接可以反馈源天体的大量信息，因此在解决宇宙线起源问题上有着独特的优势。除此之外，中微子也是解开众多宇宙、物质科学秘密的关键，中微子研究专家王贻芳院士认为："中微子是一座富矿。"近几十年来的多项诺贝尔物理学奖都出自中微子，许多新发现都与中微子关联。中微子研究领域的重要性不言而喻，尤其是要彻底揭示宇宙线源头的密码，中微子显然是"一锤定音"的判据。在多信使天文学的大舞台上，中微子是引人注目的"男一号"。除此之外，在地面覆盖射电波段的 500 米口径球面射电望远镜（FAST，又称"中国天眼"），在空间覆盖 X 射线、伽马波段的多个卫星实验，包括硬 X 射线调制望远镜（HXMT，又称"慧眼"）、暗物质粒子探测卫星"悟空"（DAMPE）、引力波暴高能电磁对应体全天监测器卫星（GECAM）、爱因斯坦探针（EP），已经形成了我国多信使测量的科学格局。

面向未来，我们的科研人员，尤其是年轻的一代，都满怀憧憬，相信未来存在无限的可能。拉索开启了一个全新的伽马天文学领域，也给未来伽马天文学的发展指明了方向。探索永远不会止步，中国宇宙线研究 70 年的发展，让我们一次次登上高峰，又一次次重新出发，攀登下一个高峰。拉索刷新了中国高山宇宙线研究的攀登高度，也拓展了人类探索高能宇宙的视野，科学探索永无止境，我们看到的是更远的未来，一个风云激荡的多信使天文学时代。

拉索团队提出的水下中微子望远镜阵列效果图

群星璀璨

开启超高能伽马天文学时代

物质本源究竟是何模样？回溯至远古时期，人类以目力所及的大地与天空为宇宙之边界；然而，随着技术手段的不断革新，人类认知的宇宙边界不断拓展，通过人工加速的手段研究基本粒子行为，通过宇宙线实验研究极端环境下的物理规律，理解万物的两极——微观极小与宏观极大。

天鹅座

　　拉索以前所未有的探测灵敏度和宽广的能区覆盖，将人类的宏观宇宙视界向更高能方向拓展。每时每刻，海子山上的这些"铁盒子""水罐子""大水池""筒子"都在不动声色地收集遥远时空的信息。拉索的"火眼金睛"，接收着来自宇宙深处的奥秘，为我们描绘出一幅前所未有的"高能宇宙画卷"。拉索项目的众多科研工作者坚信，人类的未来必将在星海之中绽放。这一信念承载了无数科学家千百年来探索宇宙的初心、追寻未知的情怀，更蕴含着科技实现梦想、科技强国的力量。让我们从海拔 4 410 米向着宇宙深处出发。

发现最高能量光子和首批"PeVatron"

2021年5月17日，一则"天鹅座来信"的新闻在一日之间冲上热搜头条，由官方发布的新闻点击量高达2.7亿，而来自自媒体的各种解读消息更是铺天盖地。网友们焦急地问："难道我们暴露了吗？""天鹅座来信"似乎让人感受到了外星文明的威胁，更有网友提醒高能所的专家："不要回答！不要回答！！不要回答！！！"[①]

这封"天鹅座来信"不是别的，正是天体物理学家寻找的拍电子伏级伽马光子。天鹅座是银河系盘面上的一个北天星座，其名称来源于拉丁化希腊单词"swan"。天鹅座是北方夏秋季最容易辨认的星座之一，拉索探测到的最高能量光子便来自天鹅座的恒星形成区。

---

① 在刘慈欣的科幻小说《三体》中，叶文洁曾收到来自三体人的警告信息："不要回答！不要回答！！不要回答！！！"

从美国的 CGRO 卫星到中国的拉索

冲上热搜的这一则重磅新闻，是尚在建设中的拉索通过部分投入运行的阵列在银河系发现了 1.4 PeV 的超高能光子，刷新了人类从宇宙中探测到的光子能量纪录。如果大家对 1.4 PeV 没有概念，我们可以简单回顾一下人类对伽马光子能量探测极限的发展过程。

1989 年，美国亚利桑那州惠普尔天文台成功发现了首个具有 0.1 TeV（1 TeV=10^{12} eV）以上伽马辐射的天体，标志着甚高能（一般

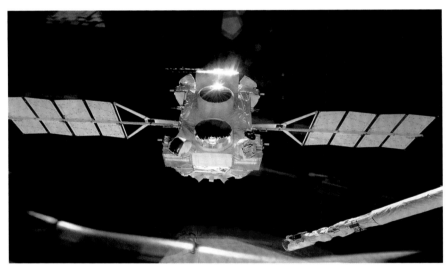

CGRO 探测器

CGRO 探测器于 1991 年 4 月 5 日发射升空，在轨观测近 10 年，于 2000 年 6 月 4 日退役，它是继哈勃空间望远镜之后第二个被发射到太空的望远镜，是美国国家航空和航天局（NASA）"大天文台"计划的组成部分，该计划中还包括钱德拉 X 射线天文台和斯皮策空间望远镜（图片来源于 NASA）。

指 100 GeV ～ 100 TeV）伽马天文学时代的开启。20 世纪 90 年代，美国发射的康普顿伽马射线天文台（Compton γ-Ray Observatory，CGRO）卫星探测器开启了吉电子伏级伽马天文学时代，进一步打开

了人类认识宇宙的眼界。注意，这里的伽马光子能量是吉电子伏（吉电子伏即 GeV，1 GeV=10^9 eV）。2019 年，我国羊八井观测站发现蟹状星云可以辐射出能量高达 450 TeV 的伽马光子。2021 年初，羊八井观测站刷新了自己创造的纪录，探测到了 957 TeV 的光子，马上就要突破 1 PeV 大关（1 PeV=10^3 TeV=10^{15} eV）。没过几个月，纪录再次被刷新——拉索发现 1.4 PeV 光子。科学家们用 30 年的时间，将人类的探测能力从吉电子伏级提高到拍电子伏级，百万倍的跨越，纪录保持者从美国的 CGRO 到中国的拉索。从某种意义上说，超高能光子的发现是人类探索宇宙边界的又一次大踏步拓展。

拉索的这一发现被国际上一致认为是宇宙线研究进入了"超高能伽马天文学"时代的标志。自从 1989 年惠普尔天文台发现超过 0.1 TeV 伽马辐射以来，在随后的 30 年里，超过 200 多个甚高能伽马射线源被陆续发现。直到 2019 年，人类才探测到首个具有超高能（能量高于 100 TeV）伽马射线辐射的天体。出人意料的是，仅有 1/2 规模的拉索阵列，通过 11 个月的观测，就将探测到的超高能伽马射线源数量激增到了 12 个，尚未完全"睁眼"的拉索，就已经展示出了强大的发现潜力。可以预见，随着拉索持续不断的数据积累，这一探索极端宇宙天体物理现象的最高能量天文观测重器，将给我们展现一个充满新奇现象的未知超高能宇宙。

天上有很多"PeVatron"

基于甚高能伽马天文学的积累，开展伽马天文学进一步的研究，就需要收集足够多的超高能伽马源样本，并按其辐射行为进行分类，这样才会发现其规律。如果对源的能谱和源区多波段详细观测的样本过少，就难以在规律性和特殊性之间做出正确判断。拉索以此为出发点在高能段形成绝对的巡天观测优势，大批量发现伽马射线源。与此同时，拉索还需要对伽马射线源做深度成像观测、大范围的能谱测量和尽可能宽广的多波段观测研究，彻底弄清伽马射线的辐射机制，判选出强子"宇宙加速器"。能量达到 100 TeV 的伽马射线对应的父辈强子宇宙线能量超过 1 PeV，搜寻这个能量之

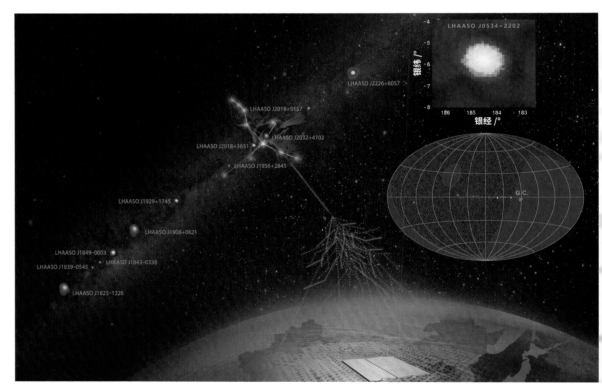

拉索探测到的 12 个拍电子伏级加速器和最高能量光子示意图
12 个源均分布于银盘，直接说明这些高能活动来自银河系内，最高能量光子来自天鹅座。

上的高能辐射天体是伽马天文学研究的新热点。

"PeVatron"是高能物理领域的专有词，指可以将能量加速到 PeV 级（即拍电子伏级）水平的"宇宙加速器"。我们知道，这样的加速器只能到天上去找。天鹅座恒星形成区是银河系在北天区最亮的区域，这里聚集着大量的大质量恒星，总质量达到太阳质量的数万倍。大质量恒星产生的强烈星风，速度可达数千千米每秒。在这样相对狭小的空间里，来自相邻大质量恒星产生的星风互相猛烈撞击，造成天鹅座恒星形成区复杂的强激波、强湍流极端环境，成为"天然的粒子天体物理实验室"，天体物理学家要找的超高能"宇宙加速器"——PeVatron，极有可能出现在这一区域。

拉索这次发现中的 12 个源均分布在银河系的银道面上，1.4 PeV 的超高能光子来自于天鹅座的"天然的粒子天体物理实验室"。这次发现，揭示出银河系内普遍存在能够将粒子能量加速超过 1 PeV 的"宇宙加速器"，加速能力远超当前人类加速的极限，其源头所处的极端环境中，必然有着我们尚未掌握的知识。

一般认为，有两种情况可能产生超高能伽马光子。一种是高能质子与气体介质中的质子碰撞。这种方式产生的伽马射线能量约为高能质子能量的 10%，因此产生超高能伽马射线需要能量大于 1 PeV 的质子。当一个能量约为 1 PeV 的质子与源内或源周围的物质产生碰撞时，会损失一部分能量，并产生两个能量为其 10% 左右的伽马光子。还有一种可能是源区产生的高能电子和源周围的背景光子碰撞，大量分布在周围的低能光子可以获得能量。产生能量大于

100 TeV 的超高能伽马光子，需要电子能量在 0.3 PeV 以上。超高能伽马光子与宇宙中的 PeVatron 有直接关联，而后者是高能天文物理学领域长期寻找的重要目标。

在拉索能够有效观测到的伽马射线源中，所有的天体能量都在 0.1 PeV 以上的超高能区有伽马辐射，而且这些天体的伽马射线能谱在 0.1 PeV 以上没有截断，一直延伸到 1 PeV 附近。这说明银河系不仅不存在之前普遍认为的宇宙线加速拍电子伏级极限，而且我们头顶的天空有很多 PeVatron，有些加速能力甚至超过 10 PeV。

在这 12 个源中，包含了我们熟知的蟹状星云、天鹅座恒星形成区等，对这几个伽马天文领域著名的天体此前有持续的、多波段的观测。然而，当时国际上的主流探测器能探测到的粒子能量在 0.1 PeV 以下，难以在如此高能量的区域开展具有绝对灵敏度的探测，难以有效确认拍电子伏级的"宇宙加速器"，拉索的发现对这类天体的传统理论解释提出了严重的挑战。

伽马天文学头顶的"乌云"

开展高能伽马天文学研究，需要建造地基探测器，国际上用于伽马天文学的地面设施有切伦科夫成像望远镜和大型地面阵列，例如位于纳米比亚的高能立体望远镜系统（HESS）、位于西班牙加那利群岛的大气伽马切伦科夫成像望远镜（MAGIC）、位于美国亚利桑那州的超高能辐射成像望远镜阵列系统（VERITAS）、位于中国的广延大气簇射阵列（AS γ）和全覆盖探测阵列（ARGO-YBJ）两

海子山变幻莫测的天气

个实验、位于墨西哥的高海拔水切伦科夫观测计划（HAWC）等。通过几十年的努力，这些设施已经发现了大量伽马射线源，最高探测能量达到了百太电子伏级水平，而今，拉索将此限度提高了 10 倍以上，至拍电子伏级以上。已经发现的这些伽马辐射源中，有超新星遗迹、大质量星团、高速转动的脉冲星产生的风云等，这些天体都可以辐射高能伽马射线。在拉索发现的 12 个超高能伽马射线源所在的位置或源的附近，存在脉冲星、超新星遗迹等已知天体。

脉冲星是快速自转的磁化中子星，由恒星演化和超新星爆发后产生，这类天体具有超短转动周期、高温、高密、强引力场、强磁场的特征，是宇宙空间中极端环境的典型代表。目前已发现的脉冲星超过 4 000 颗，其中有 900 颗为我国 FAST 所发现。很多快速旋转的中子星有强磁场，可以吹出由正负电子对组成的脉冲星风，这些极端相对论性的脉冲星风撞击在超新星抛射物上形成激波，并进一步加速电子，产生多波段的辐射，形成脉冲星风云。最著名的脉冲星风云蟹状星云也在此次观测到的 12 个源之中。拉索探测到的蟹状星云最高光子能量为 1.1 PeV。根据之前的研究，蟹状星云由被加速的电子产生，拉索测到的 1.1 PeV 光子对现有的粒子加速理论提出了挑战。

理解这些拍电子伏级光子，除了加速机制上的挑战，还有来自于传播机制上的困难。

宇宙空间中存在各种来源的低能光子。宇宙大爆炸百亿年之后，整个宇宙中弥漫着 3 K 背景辐射光子。当能量在拍电子伏级以上的光子遇到宇宙微波背景辐射中的这些低能光子时，就会发生湮灭，并产生正负电子对。从理论上推断，能量超过 70 EeV（70 000 PeV）的质子或能量在 1 PeV 以上的伽马光子会与宇宙微波背景辐射相互作用而被吸收，弥散微波背景辐射就好像一堵墙，将人类赖以探索早期宇宙的伽马射线中超高能的部分挡住了。也就是说，在银河系之外即使到处都是超高能伽马辐射，我们也接收不到。作为一个银河系的"公民"，我们测量到的宇宙线在超过

70 EeV（7×10^{19} eV）以后，会明显看到能谱截断的现象，我们称之为 GZK 截断[①]。因此，拉索看到的最高能量光子需要有更多的解释。从另外一个层面来说，拍电子伏级光子就是人类探索宇宙的边界与前沿，也是探索极高能现象的前沿，任何超出这些"极限"的现象，无论是 1 PeV 的伽马射线还是 70 EeV 的宇宙线，宇宙中这些具有"特殊身份的信使"，让物理学家的头顶时不时地飘来一朵"乌云"，因为这意味着基本物理规律可能被撼动。

探测伽马光子，就像大海捞针

在宇宙线的成分中，不带电的伽马光子占极少数。在以伽马光子为探测对象的宇宙线研究中，带电的宇宙线粒子是我们不希望出现的本底噪声，然而，这个本底要比伽马信号高出 4 ~ 5 个数量级，如何有效排除带电宇宙线粒子噪声成为伽马天文学观测的关键。

在拉索本次找到的 PeVatron 周围，产生的超高能伽马光子信号非常弱。以我们熟悉的被称为伽马天文学"标准烛光"的蟹状星云为例，从蟹状星云辐射出来的能量超过 1 PeV 的高能伽马光子，在一年内落在地球上 1 平方千米范围内的也就 1 ~ 2 个，而这 1 ~ 2 个光子还被淹没在数以万计的带电宇宙线粒子的"汪洋大海"之中。拉索就是要从"粒子海"中挑出伽马光子，这需要拉索有很

---

① GZK 这一称谓来自三位科学家 Kenneth Greisen、Georgy Zatsepin 和 Vadim Kuzmin 名字的缩写，是这三位科学家在 1966 年根据宇宙射线与宇宙微波背景辐射光子之间的相互作用分别独立研究得到的。GZK 截断是宇宙线粒子从其他星系到达银河系的能量上限，理论上的极限是 7×10^{19} eV，是质子在长距离旅行途中和微波背景辐射相互作用，衰变成中性介子或光子、正负电子对和各种中微子。GZK 截断与多数实验观测到的能量上限吻合，但也有例外。

高能所和施普林格·自然集团（Springer Nature）联合发布会现场

强的伽马识别能力，这种识别能力会最终影响探测器的最核心指标——灵敏度。

拉索采用的方法是通过测量空气簇射中次级粒子中的缪子识别伽马粒子。因为带电宇宙线粒子形成的簇射中富含缪子，而伽马产生的簇射中几乎没有缪子。拉索在收集到的大量宇宙线事例中挑选没有缪子的事例，从强大的本底噪声中找到极为稀少的伽马光子信号。拉索的缪子探测器阵列有 4 万平方米的灵敏面积，是世界上最大的缪子探测器阵列，在超高能段拥有"零本底"的宇宙线背景排除能力，拉索也因此成为目前最灵敏的超高能伽马探测装置。

在统计观测中，通常超出 5 倍标准偏差的观测被视为有效观测，可以被认定是一次确凿的"发现"。拉索仅 11 个月的观测，累计观测灵敏度就超过了 AS γ 实验 7 年的水平，12 个源的辐射超出

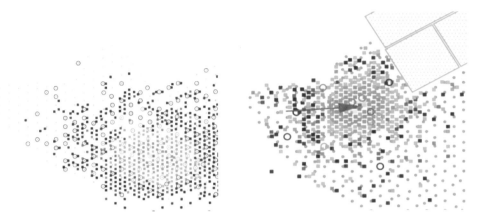

1 PeV 类宇宙线事例（左）和 1 PeV 类伽马事例（右）触发探测器所形成的图像
方形信号点是触发的电磁粒子探测器，圆形信号点是缪子探测器，可以看出宇宙
线事例的缪子数量明显多于伽马事例，不同颜色代表不同大小的信号。

均在 7 倍标准偏差以上，最高的源可以达到 18 倍标准偏差，远超 5 倍标准偏差的有效观测门槛，这一次的观测结果是拉索伽马探测灵敏度指标的一次完美验证。

拍电子伏级光子的探测是伽马天文学的一座里程碑，是伽马天文学发展的强大驱动力，承载着伽马天文学界长久以来的梦想。直到拉索建成，人类才最终登上了拍电子伏级这座险峰，并有机会眺望从未抵达的远方。拉索在天鹅座恒星形成区首次发现拍电子伏级伽马光子，使得这个本来就备受关注的区域成为超高能宇宙线源的最佳候选者。同时，通过超高能伽马探测发现了一批 PeVatron。虽然我们尚未搞清楚这些高能粒子是如何被加速到如此之高的能量的，但我们已经知道它们在哪里，未来更加深入、细致的观测和理论研究，将把我们引到超高能宇宙线起源这个"终极"目标前，并揭开它的神秘面纱。无论在追逐这个更大梦想的征程中会有怎样的

拉索打开超高能伽马天文新窗口

1989 年，美国惠普尔天文台观测到来自著名的蟹状星云的能量高于 100 GeV 的伽马甚高能辐射，开创了甚高能伽马天文学的辉煌 30 年。

2020年，正在建设中的拉索，以1/2规模的阵列运行11个月，就显著性地发现了12个能量超过1 PeV的伽马辐射源，拉开了探索"超高能宇宙"的序幕。

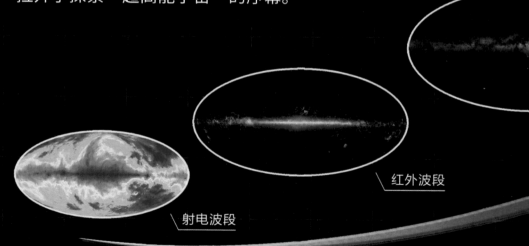

红外波段

射电波段

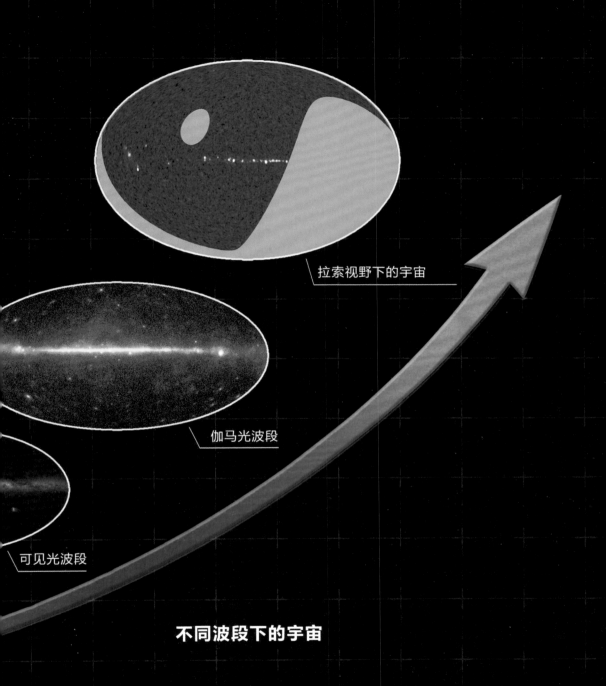

拉索视野下的宇宙

伽马光波段

可见光波段

不同波段下的宇宙

■ 在拉索 2021 年的观测结果中，我们发现银河系内存在大量超高能"宇宙加速器"，人类首次探测到能量超过 1 PeV 的伽马光子，突破了人类对银河系粒子加速的传统认知，开启了"超高能伽马天文学"时代。

惊喜，有一点是肯定的——在未来的十几年里，拉索将会有更多的
新发现，不断引领我们拨开未知世界的迷雾。

发现来自"宇宙灯塔"的超高能伽马辐射

2021 年 7 月 8 日，拉索合作组在《科学》上发表了最新成果。拉索的新发现来自于蟹状星云（SN1054A①），蟹状星云因其在天文学中的特殊地位，被誉为"宇宙灯塔"。拉索精确测量了蟹状星云的伽马辐射能谱，能量范围覆盖 3.5 个数量级，为超高能伽马波段确定了新标准。此外，这次观测还记录到能量达 1.1 PeV 的伽马光子。由此确定，在数十个太阳系大小的蟹状星云核心区内存在加速能力超强的电子加速器，且加速能力超过人工加速器［欧洲核子研究中心（CERN）大型正负电子对撞机（LEP）］加速能力的 2 万倍左右，直逼经典电动力学和理想磁流体力学理论所允许的加速极限。

---

① 超新星的命名，是在 SN（Super Nova）之后加爆发年份，再加英文字母代表当年的排序，如果一年内超过 26 颗，则用小写英文字母顺位排序，如 SN2024a 代表 2024 年的第 27 次爆发。

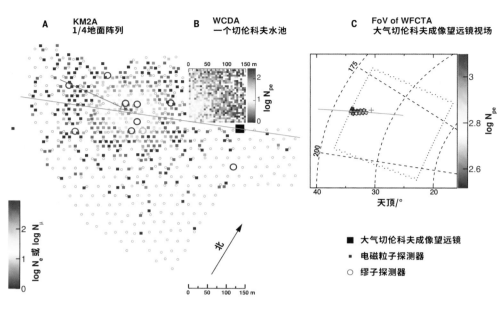

拉索探测到来自蟹状星云的 0.88 PeV 伽马射线事件

图中的颜色代表单个探测器接收到的粒子个数多寡，偏红则多。可以看出，在这一事例中，拉索阵列的四种探测器都被触发。方块表示电磁粒子探测器的闪烁计数器，空心圆圈表示空气簇射中的缪子击中的 10 个缪子探测器，位于 WCDA 南侧的 WFCTA 中的望远镜（黑色方块）也被触发。

至和元年，客星出天关东南

　　蟹状星云是由北宋司天监发现并记录的"客星"，经过近千年的演化形成了天文史上最为知名的"明星天体"之一。

　　蟹状星云是位于金牛座东北面的超新星爆炸残骸。超新星是爆发变星的一种，大质量恒星在演化末期会发生一次剧烈的爆炸，爆炸时光度陡增百亿倍，其间所产生的电磁辐射甚至能达到整个星系恒星的亮度之和。在爆炸发生之后，其中心一般会形成一颗中子星或黑洞，爆炸期间喷射出的碎片与星际介质相互作用，产生各个不同能量段的辐射。蟹状星云的核心是一颗脉冲星，称为蟹云脉冲星

（即 PSR J0534+2200）。超新星爆发是罕见的高能爆发事件，在人类有文字记载的史册上，观测到银河系内的超新星爆发非常少，银河系内的居民可能在一生中都没有机会看到一次这样的天文现象。

据我国古籍《文献通考》记载："至和元年五月己丑，客星出天关东南，可数寸，岁余消没。"据文献所录，此星"芒角四出，色赤白"，即使在白昼之中亦能目睹其辉，其亮度在夜晚可供阅读。天关客星在白昼中显现了 23 日，在夜幕下则持续了长达 643 天。北宋人通过肉眼目睹了这一奇观，并做了当时世界上最为详细的记录。除了《文献通考》之外，在《宋史·天文志》《宋史·仁宗本纪》《宋会要》《续资治通鉴长编》《契丹国志》等史料中均能找到此星的相关记载。"至和元年五月己丑"这一刻是举世瞩目的"世界时"。

中国古代关于客星的记录大多是彗星，还有部分是新星或超新星。目睹了"天关客星"奇观的北宋司天监官员们根本不会想到，这次客星造访会持续近两年的时间；他们更想不到的是，"至和元年五月己丑"只是人类与它的第一次擦肩，在随后的近一千年里，"天关客星"和现代天文学结下了不解之缘，中国天文学家在跨越千年的探索中作出了巨大的贡献。

再一次刷新"中国超新星"伽马光子能量探测的纪录

"天关客星"的亮度持续了近两年后，逐渐黯淡，并沉寂了近七个世纪，而后再次出现在人类视野。

韦布空间望远镜（JWST）使用近红外相机和中红外相机单独曝光合成的蟹状星云图像
韦布空间望远镜是 NASA、欧洲空间局和加拿大航天局联合研发的空间望远镜，于 2021
年 12 月 25 日发射升空，为哈勃空间望远镜的继任者。

由钱德拉 X 射线空间望远镜（蓝色和白色）、哈勃空间望远镜（紫色）、斯皮策空间
望远镜（粉色）合成的蟹状星云图像

可以明显看到中心致密的脉冲星辐射，脉冲星高速的自旋和强大的磁场不断将表面磁
层中的正负电子吹向四周，形成一股风速近乎光速的强劲星风，星风中的带电粒子与
外部介质发生碰撞，从而塑造了我们所见的星云形态。拉索为我们呈现了蟹状星云更
加高能的场景。

　　1731年，英国医生、天文爱好者约翰·贝维斯用36英寸的天文望远镜，再次捕捉到了它的踪迹。1842年，威廉·帕森斯发现梅西耶天体列表中的头号天体M1内部贯穿着许多不规则的明亮细线，很像一只螃蟹，因此称它为"蟹状星云"，并沿用至今。在此后的100多年间，随着天文观测能力的提高，天文学家对蟹状星云的观测也越来越细致。

　　进入20世纪中叶，天文学家们通过详尽的照片比对分析，发现蟹状星云自被发现以来一直在持续扩张。1928年，美国天文学家哈勃对蟹状星云的膨胀速度做了估算，反推出新星起源于900年前的爆发，并作出如下判断：蟹状星云可能是近到能够观测它的星云状物质的第三颗新星。因为它膨胀得很快，按照这样的膨胀速度，只需要大约900年，就可以达到现在这样的大小。古代的天象记录中，在蟹状星云附近只有一次新星出现的记载，这次记载出现在中国的史书资料中，这一年是1054年。

　　这与"至和元年五月己丑"北宋司天监官员记录的"天关客星"相吻合。根据哈勃的判断，美国天文学家梅耶尔和荷兰汉学家戴闻达通过中国古代文献对这次超新星爆发的描述，画出了"天关客星"的光变曲线轮廓，居然和超新星的行为惊人一致，因此断定蟹状星云正是超新星爆发留下的遗迹。中国人在900多年前详细的记录，让900多年后的天文学家找到了首个与超新星爆发有关的天体，蟹状星云也被国际上称为"中国超新星"。

　　宇宙间的神奇谁也无法预期，"中国超新星"总能以发射出的不同光芒一次次刷新人类的认知。2021 年 7 月，拉索发现蟹状星云可以辐射出能量高达 1.1 PeV 的超高能光子，这颗沉寂了近千年的恒星"遗迹"以出人意料的蓬勃力量唤醒了自己。从"至和元年五月己丑"到拉索启动观测之前，在蟹状星云的观测史上，超过 100 TeV 的能区几乎属于人类探测的盲区，1.1 PeV 的超高能光子让"天关客星"再度成为千年后的天文焦点。就在此前不久，拉索在银河系发现的首批 12 颗超高能伽马光源中，有两个可以辐射出拍电子伏级光子，蟹状星云是其中之一，同时也是唯一明确了辐射源的天体。拉索这一次的观测不仅捕捉到能量高达 1.1 PeV 的伽马光子，更据此推断出在数十个太阳系规模的星云核心区域（相当于 5 000 ~ 20 000 倍日地距离）内，隐藏着一台动力十足的"宇宙加速器"。通过对其能谱跨越 22 个数量级的测量结果分析，清楚地显现出蟹状星云电子加速器的典型特征，拉索测量到的 1.1 PeV 光子说明了它的加速能力之强大，是欧洲核子研究中心大型正负电子对撞机人工加速器产生的电子束能量的约 2 万倍，直逼经典电动力学和理想磁流体力学理论所允许的加速极限。我们知道，在磁场作用下，电子会以同步辐射的形式迅速损失能量，电子能量越高，在磁场中损失能量越快，蟹状星云内的粒子加速机制必须具有惊人的效率才能克服电子的能量损失。据拉索的测量结果推算，其加速率竟达到理论极限的 15%，比超新星爆发产生的爆震波的加速效率高约 1 000 倍，挑战了高能天体物理中电子加速的"标准模型"。

填补标准烛光的超高能辐射空白

标准烛光指的是那些在宇宙空间中可以作为光度参照（光度已知且恒定）的天体。在天文学上，标准烛光常用来作为距离的参照。简单来说，通过对比已知天体的辐射光度与研究天体在相同波段的亮度，并根据距离和光度呈平方反比的关系，就可以计算出所研究的天体与地球的距离。宇宙中存在特定类型的新星或者变星，其辐射光度在理论上是确定的，假设两个星体的亮度差了 4 倍，就基本可以知道较暗天体与地球的距离是较亮天体的 2 倍。宇宙中不同地方的标准烛光，其发光强度是相同的，在茫茫星海中像灯塔一样为宇宙学提供参照。在天文学中，造父变星、食双星、Ia 型超新星等天体可以作为不同宇宙学距离的标准烛光。

对于高能粒子天体物理学来说，标准烛光是指可以提供稳定辐射流强度量标准的天体。在测量天体源的光度时，不同探测装置的结果可能存在差别。如果各个装置都向天空中的同一个亮度标杆"看齐"，就可以校准不同装置间的差别。位于金牛座的蟹状星云是为数极少的在射电、红外、光学、紫外、X 射线和伽马射线波段都有稳定辐射的天体。这样一个"行为稳定且历史悠久"的天体作为高能辐射的标准烛光再合适不过了。因此，蟹状星云成了测量天体辐射强度的标尺，比如在描述某一个天体的亮度时，我们通常说是"10% 或者 5% 的蟹状星云流强"。

在过去的 100 多年里，国际上运用各种探测手段对蟹状星云的多个波段进行了测量。1963 年，蟹状星云被认证为 X 射线源，6 年后的观测发现了在星云中心有一颗脉冲星，它以 30 圈每秒的速度高速旋转，是稳定的 X 射线标准烛光。1989 年，美国惠普尔天文台在 0.7 TeV 附近探测到蟹状星云有稳定的伽马射线辐射，可以作为标定伽马射线望远镜探测效率的标准烛光，其流强也作为高能天体辐射流量的基本单位。2019 年，我国的羊八井观测站观测到了来自蟹状星云的最高能伽马辐射——一个 400 TeV 的光子。2021 年，拉

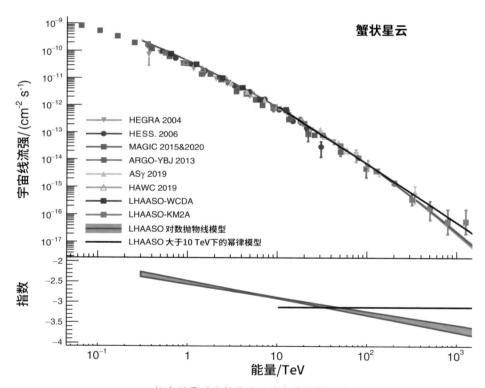

拉索测量到的蟹状星云的伽马辐射流强

红色方块和蓝色方块分别是 KM2A 和 WCDA 的测量结果。作为对比，图中还绘制了其他设施对蟹状星云的观测结果，包括 HEGRA、HESS、MAGIC、HAWC 实验，以及羊八井宇宙线观测站的 ASγ 实验和 ARGO 实验。

索发布了蟹状星云的最新观测结果，凭借宽广的能谱覆盖优势，拉索对其高能端 3.5 个数量级的伽马辐射能谱进行了详尽测量，将标准烛光这把尺子一直向高能端延伸至 1.1 PeV。此次测量不仅验证了此前几十年间其他实验在此能区的观测结果，更首次对超高能区（0.1 PeV ～ 1.1 PeV）的"空白"区域实现了测量，绘制了前人从未涉足的标准烛光最高能段能谱。同时，拉索对蟹状星云在超高能段的测量精度也是前所未有的，从而为超高能伽马辐射的光度测量确立了新的基准。在这次观测研究中，拉索充分发挥了多种探测手段相互交叉检验的能力，确保了测量结果的准确性和可靠性。

在银河系内，蟹状星云是北半球地区唯一横跨几乎所有波段的标准烛光。历史上对蟹状星云大量的观测研究，使之成为几乎唯一具有清楚辐射机制的标准伽马射线源。从"至和元年"开始，蟹状星云一直是备受关注的天体，也是最早被发现存在伽马辐射的天体之一。北宋司天监记录的"天关客星"为现代天文学提供了超新星爆发的目击数据，时隔 967 年后，中国科学家通过建设中的拉索从"天关客星"发现了更高能的伽马辐射，给这个古老"遗迹"赋予了新的科学生命及活力。

捕捉大质量恒星死亡瞬间爆发的"宇宙烟花"

宇宙充满无限的奥秘和未知，往往以超乎寻常的方式不断提醒人类——探索一直在路上。

一批来自史上最明亮的伽马暴的高能光子出人意料的出现，对物理学家长期构建的传统伽马暴余辉标准辐射模型提出了挑战，激发了前沿物理学家的热烈讨论，逐渐开启一扇扇全新的探索未知之门。

20多亿年前，在距离太阳系约24亿光年的遥远宇宙空间，一颗质量是太阳20余倍的"超级太阳"在走向终结的瞬间发生坍缩，引发了一场规模宏大的爆炸，释放出的火球宛如绽放的"宇宙烟花"——伽马暴，其持续时间长达几百秒。火球中以接近光速运动的带电粒子与星际物质碰撞时，产生了大量的高能光子，能量可达1 TeV，它们穿越浩瀚的宇宙，径直向地球飞来。

北京时间2022年10月9日21时20分50秒，这一股由高

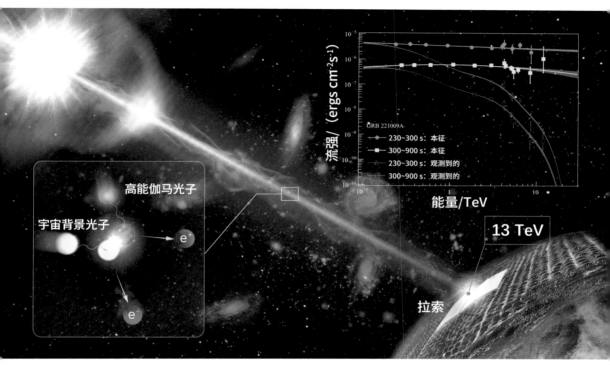

距离地球约 24 亿光年的大质量恒星塌缩释放极窄喷流，
产生大量高能光子被拉索探测到的示意图

　　能光子组成的宇宙洪流抵达地球，"击中"了位于中国四川稻城海子山上的拉索。拉索成功探测到迄今为止最明亮的伽马暴（即 GRB 221009A）。通过拉索，国际同行观看了一场盛大的"宇宙烟花"地球直播。在这场大质量恒星死亡瞬间 1 PeV 伽马射线爆发的"大戏"中，产生了多个伽马天文学研究历史上的"人类首次"。

"亮瞎眼"的猛烈爆发导致多数探测器瞬间"失明"

拉索看到的"宇宙烟花"引发了国际上的巨大反响和领域内的高度关注，大量相关研究迅速展开。在对这次爆发现象的观测中，有多项"人类首次"，具有最完整的爆发过程记录、最高能量的光子探测、极窄喷流等特征。这次爆发甚至引起地球磁层的扰动，加大了伽马暴导致地球历史上物种灭绝这一猜测的可能性。

伽马暴作为宇宙间最为猛烈的天体爆发现象，自 20 世纪 60 年代起便引起了科学家的广泛关注。伽马暴分为长暴和短暴，其持续时间从短暂的几毫秒至数小时不等，所释放的能量之巨大，远超太阳终其一生所辐射的能量总和。那些持续时间较长的长暴，通常源自比太阳质量大数十倍的恒星死亡瞬间的坍缩与爆炸；而持续时间较短的短暴，则多发生在两个致密天体（例如黑洞和中子星或两颗中子星）的合并过程中。此类事件还伴随着引力波的产生，是当前天文学研究的热点。拉索观测到的这次爆发是一次典型的长暴。

伽马暴的辐射分为两个阶段。初始阶段形成的巨大爆炸称为"主暴"，表现为强烈且流量快速变化的低能伽马辐射。一般认为，伽马暴的中心引擎先产生一个温度极高的"火球"，它以极端相对论的速度向外膨胀，当后面速度较快的物质追赶上前面速度较慢的物质之后发生碰撞，产生内部能量耗散，电子在这个过程中被加速而拥有了相对论性的能量。在磁场的作用下，电子通过同步辐射产生千电子伏至兆电子伏能段的辐射，这就是伽马暴的瞬时辐射模型。在下一个阶段，爆发抛射的物质合为一体，并继续向外膨胀。这些接近于光速

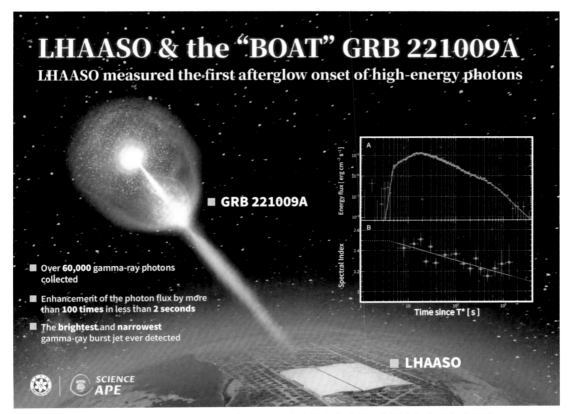

拉索完整记录大质量恒星死亡瞬间 1 TeV 伽马爆发全过程，此图为相关研究成果于
2023 年 6 月 9 日发表于《科学》的配图

的抛射物与周围环境气体碰撞产生"后随爆炸"，激发产生一道强烈
的"爆震波"，也被称为"余辉"。在余辉阶段，爆震波加速周围星
际介质中的电子，通过电子的同步辐射和逆康普顿散射[1]，从射电至
伽马的各个波段产生时变相对平缓的辐射。

---

[1] 当高能光子与低能或者静止的带电粒子（通常是电子）相互作用，带电粒子能量增加，
光子能量减少，入射光的波长增加，波长的变化称为康普顿位移，这一过程称为康普
顿散射，于 1923 年由美国物理学家康普顿（Arthur Holly Compton，1892—1962）
在研究轻元素对 X 射线的散射效应时发现。逆康普顿散射是这一过程的反作用过程，
即能量从高能电子向低能光子传递的过程，在天体物理中具有重要意义。

经过全球多个探测器的对比分析，天文学家们一致认为，2022年10月9日的这次爆发事件是人类历史上记录到的最亮的伽马暴，比位列第二的要亮50倍左右，并被命名为BOAT（brightest of all time），意思是"史上最亮"的爆发。这次伽马暴产生的辐射流量巨大，导致多数国际空间卫星探测器出现"饱和"，造成了探测器的短暂失灵或数据堆积。如此猛烈的爆发，无疑是对探测器的严峻考验。在地面测量中，成像大气切伦科夫望远镜也应该是伽马暴事件的主力探测器。然而，由于大气切伦科夫望远镜只能在晴朗的无月夜晚观测，而且视场很窄、很有限，只有在收到卫星的爆发报警

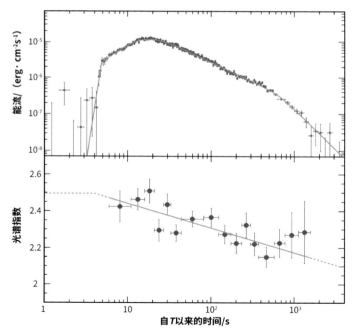

GRB 221009A 余辉辐射的光变过程与能谱指数演化
拉索首次实现了伽马暴 100 GeV 以上余辉辐射过程的完整观测，发现了余辉辐射过程的快速增长现象，发现了伽马暴 GRB 221009A 余辉辐射过程的快速衰减现象。

信息后，才能将探测器调整到伽马暴的方向，这个过程里，爆发最为剧烈的阶段可能已经结束，因此这类探测器只看到伽马暴光变的下降阶段，而错过"宇宙烟花"精彩的瞬时辐射阶段。

得益于全天候、大视场优势，拉索记录了爆发全过程。人类第一次完整地看到了伽马暴余辉早期的光度上升阶段，还发现了余辉的光变拐折现象，记录了 1 TeV 以上的伽马射线流量增强和衰减的整个阶段，实现了其他实验无法做到的高能段光变过程教科书式的完整观测。探测器超强的粒子数测量动态范围，对来势迅猛的伽马光子实现了无一遗漏的接收，在这次堪称完美的观测中，拉索高质量获取了近十万个超过 1 TeV 的伽马光子。在这个等级的强烈爆发过程中，必然伴随各能段的辐射。拉索宽广的能谱响应能力，对这次爆发做出极为细致的能谱描绘，为理论模型的精确检验提供了实验基础。

穿越 24 亿光年，一束极窄喷流产生的伽马光"照亮"了地球

根据目前的理论，当超新星的前身天体具有足够大的质量时，星核瞬间坍缩最终将形成黑洞或者中子星，这些致密天体绕轴心快速转动，在强磁场的作用下，两极抛射出的物质形成两束狭长的准直外流，也被称为喷流。

和以前观测到的伽马暴不同，拉索观测到的 GRB 221009A 产生的喷流非常集中，喷流的张角极小，仅 0.8°，这是迄今所知最小张角的喷流。在余辉出现 700 秒后，拉索观测到爆发亮度的突变，光变曲线存在一个拐折结构，这一位置被认为是对应于相对论性喷

流的边缘。随着喷流逐渐减速，伽马辐射的张角逐渐扩展，当伽马辐射范围超出喷流结构的边缘时，观测者看到的伽马辐射亮度快速下降。以前多个实验也观测到很多伽马暴的光变拐折，但是这些现象往往都出现在余辉出现的几个小时甚至几天之后。拉索这次观测的结果，是人们第一次在数百秒内就看到余辉的光变拐折，是有史以来最早的，这对我们理解喷流结构及其产生演化机制有巨大的帮助。地球碰巧正对着极窄喷流最明亮的核心，自然地解释了这个伽马暴是历史上最亮的原因，也解释了为什么这样的事件极其罕见。仅有 0.8° 张角的极窄喷流，经过漫长星际旅行直击地球，可谓"稳准狠"。极为巧合的是，在数百秒的瞬态爆发期，青藏高原上的拉索恰好暴露在这束伽马射线之下，且拉索工程在"大戏"开场之前如期建成，赶上了这场千年一遇的"宇宙烟花"，真是拉索之幸。

来自遥远宇宙的高能光子引发"认知风暴"

伽马暴首次发现于 1967 年，其主要辐射在 100 keV ~ 10 MeV 伽马射线波段，在过去半个多世纪探测到的数千个伽马暴中，最高能量光子达到大约 1 000 GeV。伽马暴 1 TeV 的辐射直到 2019 年才被地面大气切伦科夫望远镜在其余辉阶段观测到，至今也仅记录到约 1 个事例。

在 GRB 221009A 的观测中，拉索将伽马暴光子的最高能量记录提升了近 10 倍，本次拉索探测到的最高光子能量达到 13 TeV。我们知道，从遥远星系出发的光子，在漫长的星际旅行中会被宇宙中普遍存在的背景辐射光子吸收，伽马光子能量越高，就越容易被吸收，拉索能够探测到来自银河系内天体的千万亿电子伏级伽马光子，但是很难探测到来自宇宙深处的能量大于 10 TeV 的光子。按照目前的理论模型，1 TeV 伽马光子飞行 24 亿光年被背景光吸收的概率约为 80%，而 10 TeV 伽马光子被吸收的概率则超过 99.5%。从理论上来说，13 TeV 光子飞行 24 亿光年出现在拉索的视场，几乎不可能。更加不可思议的是，在这场爆发中，有数以万计的高能光子被拉索探测到。如果单个高能光子穿过星际空间，属于超出常规的特例，那么大批量的高能光子"无视"背景光子，可能预示着在规律性上的突破。从被宇宙背景光子吸收的角度理解，拉索的探测结

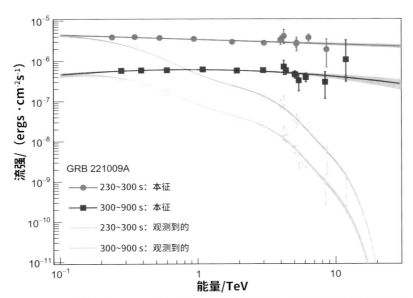

GRB 221009A 爆发后 230 ~ 300 秒（圆形点）和 300 ~ 900 秒（方形点）两段时间内的伽马射线能谱，空心点为拉索测量到的伽马射线流强，实心点为 24 亿光年外伽马暴发出的伽马射线流强。

果表明宇宙在甚高能伽马射线上比原来预期的要透明。

拉索首次打开伽马暴 10 TeV 观测窗口，是伽马暴近 60 年研究历史上的里程碑。拉索测量还发现 GRB 221009A 的辐射一直延伸到 10 TeV 以上，并没有出现预期的高能截断，对伽马暴余辉标准辐射模型提出了挑战。如果现有宇宙背景光的吸收强度是正确的，则可能需要某种超出当前粒子物理标准模型的新物理机制来解释这些观测结果，比如作为爱因斯坦狭义相对论基础的洛伦兹对称性。如果在高能区存在非常微小的破坏，这种效应在伽马光子 24 亿光年的长距离飞行中就会被放大为可观测现象，从而能够解释拉索的观测结果。此外，轴子是标准模型之外的一种新粒子，如果高能光子与轴子存在振荡，也可以解释拉索观测到的高能伽马光子弱吸收现象。

拉索的发现促使人们重新理解宇宙中星系的形成和演化过程，激发了人们更多有关宇宙线加速、传播的思考。一次遥远宇宙的高能爆发，或将迎来一场更为猛烈的"认知风暴"。

■ "宇宙烟花" GRB 221009A 中的超高能光子在大气中产生的广延大气簇射"照亮"拉索探测阵列示意图（本图由中国科学技术大学艺术与科学研究中心梁琰团队制作，由中国科学院高能物理研究所提供）

发现宇宙中能量超 1 PeV 的大尺度 "伽马泡泡"

2024 年 2 月，拉索团队在《科学通报》英文版上以封面文章的形式发表了最新的成果。拉索在距地球约 5 000 光年的天鹅座恒星形成区发现一个直径达 1 000 光年的巨型超高能伽马射线泡状结构，找到了能量超过 10 EeV 宇宙线的起源天体，认证了第一个能量在"膝区"之上的宇宙线加速源，向解决宇宙线起源之谜迈出重要一步。大质量星团一直是学界认为的宇宙线起源之一，天鹅座有多个大质量星团。经过 3 年多的观测积累，拉索在天鹅座区域记录到 66 个超过 400 PeV 的光子，其中 8 个光子能量超过了 1 PeV，最高能量达到了 2.5 PeV。拉索刷新了自己在两年前创造的最高能量观测纪录。天鹅座区域到底发生了什么？这让国际高能物理界再次将目光聚焦在银河系的这个神奇区域。

Science Bulletin

ISSN 2095-9281（网络）
ISSN 2095-9273（印刷）

科学通报（英文）

Volume 69 · Number 4 · February 2024

■ 2024 年 2 月，《科学通报》英文版第 69 卷，第 4 期封面

SCIENCE CHINA PRESS

Chinese Academy of Sciences
National Natural Science Foundation of China

拉索观测到的能量超过 0.4 PeV 的超高能伽马光子空间分布

等高线代表伽马辐射的强度分布，颜色越深代表流强越高。可以明显看出由中心向外扩散的趋势，黑色圆圈代表能量超过 1 PeV 的伽马光子，在该区域有 8 个拍电子伏级光子被探测到，其中 2 个位于中心位置。中心区域蓝色菱形处为超高能伽马射线源 LHAASO J2031+4127，绿色菱形点代表微类星体 Cyg X-3，红色圆圈代表大质量星团 Cyg OB2 的区域。

天鹅座，大质量恒星的"生死轮回"

天鹅座是银盘面上的一个北方星座，是北半球夏季和秋季最容易辨认的星座之一，形似展开双翅的天鹅。在夏秋季节的夜晚，我们很容易通过肉眼看到这只翱翔在头顶的"天鹅"，最容易辨识的是"尾星"——天津四，一颗蓝超巨星，总光度超过太阳的 25 万倍，质量是太阳的 200 倍。天鹅座的 NML 红超巨星是目前已知质量最大的恒星之一，也是银河系最明亮的恒星之一。天鹅座远非只有我们目

天鹅座 OB2 星团呈现出来的盛景

这张图合成了美国的钱德拉 X 射线天文台的数据（蓝色）和斯皮策空间望远镜的红外数据（红色），以及英国的艾萨克·牛顿望远镜的光学数据（橙色）。恒星的质量不同，其生命演化形态也不同。我们的太阳是一颗中等大小的恒星，其寿命约为 100 亿年，而大质量的恒星，比如天鹅座 OB2 中发现的恒星，只能持续几百万年，在这些大质量恒星的一生中，会向周围环境喷射大量高能粒子风，尤其是在其结束生命的最后一瞬间，会产生剧烈的高能宇宙线粒子喷流，高能粒子继续与周围的星云物质作用产生高能伽马辐射，如此高能量的粒子流无法被前面提到的空间望远镜探测到，只能被拉索探测到（图片来源于 NASA）。

及的这几颗星，如果有一架普通的光学望远镜，你就能发现这里星际尘埃波诡云谲，数量众多的超大质量恒星在巨大的引力场里"生死轮回"。从天文学意义上来讲，天鹅座更为人所熟悉的是它还有一些著名的 X 射线源和一个年轻而超级巨型的星团——Cyg OB2 星团。

星团是指由十几颗至百万颗恒星在引力作用下组成的恒星集团。银河系和宇宙中的其他星系拥有许多年轻的星团，每个星团都包含大量炽热、大质量的年轻恒星。按照恒星的表面温度，大体上可以将它们分为 7 类，按照温度从高到低分别用 O、B、A、F、G、K、M 7 个字母来代表。O 型星表面温度通常超过 30 000 K，它们的质量可能是太阳质量的十倍甚至百倍，而光度则能达到太阳的万倍甚至百万倍，强大的光度来源于恒星中心剧烈的核聚变过程，使得这些恒星的寿命非常"短暂"（相比于太阳的寿命），仅能持续几百万至上千万年，数十倍太阳质量的恒星在这么短的时间燃烧殆尽，其剧烈程度可想而知。太阳的表面温度只有 5 800 K 左右，而 O 型星表面温度可以达到 50 000 K，恒星内部发生剧烈的热核反应，强大的光压将表面的物质向外吹出，形成高速的星风，携带巨大的动能。在天鹅座 OB2 星团几十光年见方的区域内，包含了近百颗 O 型星与上千颗 B 型星，在有限的空间内，星风之间、星风与星际介质之间相互猛烈撞击，形成强激波、强湍流的极端环境，宇宙线粒子在其中被不断加速。

在天鹅座大质量星团的极端环境下产生的高能宇宙线粒子流，形成了光与电的狂涛巨澜，如此宇宙奇观，只有拉索这样的大型地面阵列可以领略到。

超高能"伽马泡泡"中隐藏着的"宇宙加速器"

我们在宇宙线源的观测研究中，只有对高能伽马射线源及源区周围弥散物质的能谱、空间分布形态、时变特征等有了精确测量结果，才能对"宇宙加速器"属性和加速机制有更深刻的理解。高能光子传递的不仅仅是关于源区的几何信息，还有背后的加速、传播机制。

高能光子的能量从何而来？一般认为可以通过如下方式。其中一种，电子在强大星风压的驱动下获得能量，在低能辐射场中与光子碰撞，将一部分能量转移给光子，这一过程称为逆康普顿散射。在天体物理学中，逆康普顿散射过程是高能光子产生的机制之一，无处不在的宇宙微波背景辐射的弥散光子就是靶粒子。另外一种，除了逆康普顿散射过程，高能光子还可以通过核子碰撞产生，如质子间碰撞产生 π 介子，π_0 介子迅速衰变为两个光子，每个光子的能量大约为质子能量的10%，核碰撞过程中的高能粒子为质子，因此被称为强子辐射，这一过程需以较为致密的星云物质作为靶粒子。探测研究伽马光子可以帮助我们了解天体内部和周边的环境，了解靶粒子的性质和分布情况，研究极端条件下的物理过程。

拉索在天鹅座恒星形成区发现了一个直径超过 1 000 光年的巨型超高能伽马射线泡状结构，在这个高能"伽马泡泡"中，拉索探测到之前从未有过实验记录的超高能伽马辐射。通过比较"伽马泡泡"的形态与该区域的气体分布状况，可以基本确定"伽马泡泡"起源于宇宙线强子辐射过程。在"伽马泡泡"的中心区域，光子的分布较为集中，相较于"泡"内的平均光子密度呈现出明显的超出，这表明"泡"中心必定存在一个宇宙线加速源，向周围持续注入宇宙线。根据拉索的观测，巨型"伽马泡泡"的半径至少有 200 光年，这意味着超高能伽马射线不可能通过电子的逆康普顿散射产生，因为电子的损失率很高，无法扩散如此大的范围，只能是质子等带电的原子核，即在"伽马泡泡"的中心隐藏着一个可将质子加速到 25 PeV 的"宇宙加速器"，该能量已经大大超出传统认为的银河系宇宙线源能够加速的最高质子能量。

2011 年，美国的费米伽马射线空间望远镜（Fermi Gamma-ray Space Telescope）也在天鹅座区域发现了延展尺度约为 2° 的伽马射线泡状结构，称为天鹅座"伽马茧"。"伽马茧"的扩散位置与拉索观测到的"伽马泡泡"位置吻合，前者是在吉电子伏级波段，后者是在 100 TeV 以上，且扩散范围更大，"伽马茧"是该结构中心明亮的部分。费米大面积伽马望远镜（Fermi-LAT）卫星的空间测量和拉索的地面测量形成了很好的交叉验证，也为深入理解宇宙线传播提供了多波段的实验数据。天鹅座巨型超高能"伽马泡泡"的发现，首次锁定了高能天体物理学家们几十年来一直寻找的拍电子伏级宇宙线加速源，否定了之前普遍认为的银河系粒子加速能力"拍电子伏极限"，这些认知上的突破将在高能天体物理领域产生深远的影响。

2.5 PeV 光子，超过"膝区"的宇宙线到底从哪里来

宇宙线能谱并非始终遵从同一个幂律指数，在"膝"、"第二

费米伽马射线空间望远镜

该望远镜于 2008 年 6 月 11 日升空，研究来自活动星系核、脉冲星、超新星遗迹等的伽马辐射，捕捉伽马射线爆发的瞬时行为并开展研究。望远镜的重要组成部分费米大面积伽马望远镜（Fermi-LAT）可以探测 20 MeV ～ 300 GeV 的伽马光子。

膝"、"踝"、GZK 截断这几个位置，能谱虽只发生微小变化，但背后却隐藏着巨大的秘密。宇宙线能谱的结构与宇宙线的起源和传播机制密切相关，尤其是"膝"的位置，被认为是宇宙线银河系内、外的分水岭，"膝"是银河系内宇宙线的加速极限，"膝区"以上的宇宙线来自于银河系外。

关于"膝"的成因，一般从两个方面来考虑。第一种可能是银河系磁场对带电粒子有约束作用，但宇宙线能量越高，约束效应就越弱，当宇宙线能量高到一定程度，便能轻易离开银河系，导致银河系中高于这一能量的宇宙线明显减少；另一种可能是基于银河系对宇宙线粒子的加速能力，宇宙线源的加速能力存在上限，银河系内的观测者自然看不到加速极限以上的粒子。国际上多个地面实验都看到了"膝"的拐折，但各个实验的能量绝对标定存在差异，加之粒子重建所采用的相互作用模型不同，导致原初粒子能量不能实现精确测量。尽管"膝"的准确位置尚存争议，但银河系内的天体可以将宇宙线加速到"膝区"是基本共识。

然而，拉索此次在天鹅座恒星形成区发现的巨型超高能伽马射线泡状结构，有多个能量超过 1 PeV 的光子分布其中，最高达到 2.5 PeV，所对应的父辈强子能量至少在 10 PeV。这是人类第一次在银河系找到能量超过"膝"的宇宙线。对银河系的加速极限提出挑战，"膝区"是河（银河系）内／河外宇宙线来源的分界吗？拉索的这次发现让本来就复杂的"膝区"更加令人费解。拉索在"膝区"的发现也为进一步理解"踝区"宇宙线的起源提供了重要的线索。

巨型"伽马泡泡"内部的电磁环境比预期复杂

带电粒子获得足够高的能量后会逃逸出加速区，去向更广阔的星际空间。宇宙线是带电粒子，受到星际空间中磁场的影响，并不会沿着直线运动，而是顺着磁力线旋进。星系的旋转、湍流等运动，以及致密天体、星云等的分布，都在产生和影响星际磁场，星际空间中磁场的形态在一定程度上是不规则的，这就导致宇宙线的运动也无迹可寻。带电的宇宙线粒子在星际磁场的运动，可以在整体图像上简单地描述为一个从加速源区向外扩散的过程。加速源周边伽马射线流强的高低和形态的分布可以反映出加速源周边星际空间中磁场的不规则

■ 在天鹅座发现尺度超过一千光年的巨型超高能伽马射线泡

■ 首次定位能量高于1亿亿电子伏特的宇宙线源位置

天鹅座发现巨型超高能"伽马泡泡"的宣传海报

及物质密度分布。拉索通过测量"伽马泡泡"中的超高能伽马辐射亮度到中心不同距离的衰减程度，推算出宇宙线密度的分布及它们扩散的速度。结果表明，"伽马泡泡"内的宇宙线加速源使得其周边的宇宙线密度远远超出在地球处测量到的值，其影响的空间范围甚至可能比目前观测到的"伽马泡泡"尺度还要超出 1～2 倍。随着拉索进一步积累数据，也许能够观测到"伽马泡泡"更加外围的部分。另外，根据拉索探测结果推算出的"伽马泡泡"内的宇宙线扩散速度，只有不到银河系平均的宇宙线扩散速度的百分之一，这说明天鹅座恒星形成区的磁场结构比预想的要更为不规则。原本天文学家们认为，宇宙线从加速源注入星际空间后会迅速扩散开来，弥散在整个银河系的宇宙线汪洋大海之中。但拉索的观测结果证明，宇宙线不会一下子"跑掉"，而是慢慢扩散、弥漫开来，像一滴墨汁滴入水中。

　　拉索的发现不断刷新我们的认知、引人深思，对我们理解宇宙线传播过程起到了启发作用，因为这种慢扩散行为很有可能也代表了银河系普遍的扩散行为。银河系中是否还有其他的伽马射线泡状结构？在那些"伽马泡泡"中是否也存在像天鹅座"伽马泡泡"这样的慢扩散区？如果银河系中存在大量类似的巨型泡状结构，宇宙线在银河系的传播过程将不可避免地受到其中高度不规则磁场的影响，我们可能需要重新审视关于宇宙线起源的一些现有认知。

海子山拉索工程建设现场

拉索的四项技术创新

PCIe 载板型终端

FMC 子卡型终端

WR 时间同步交换机

PXIe 载板型终端

嵌入模块型终端

"小白兔"高精度时间同步以太网系统

高精度多节点远距离时钟同步系统"小白兔"——同步精度达 0.2 纳秒

1. 工程需求

拉索实验的地面阵列包含了分布在 1.36 平方千米范围内的几千个探测器。为了计算宇宙线的入射方向，需要每个探测器具有统一且精确同步的时间基准。

"小白兔"为拉索所有探测器提供高稳定度的频率信号和亚纳秒级高精度同步时间，能够自动刻度线缆传输延迟并进行校正补偿；能够和探测器前端电子学实现集成，供单根链路上频率、时间、数据和控制信息的复用①。

根据拉索实验的现场应用环境，要求"小白兔"低成本、低功耗、易维护、高可靠性，而且能适应高海拔、低气压、大温差等的工作环境。

2. 基本原理

"小白兔"以广泛使用的以太网技术为基础，利用数据传输网络本身作为定时控制的媒介，在不额外占用带宽、兼容原以太网应用的前提下，综合运用物理层同步、精密时间对齐协议、相位测量和延迟自动校准、全数字鉴相、分布式锁相环和精密时钟相位调节等技术，实现全阵列多节点的高精度频率分发和亚纳秒时间同步。

3. 技术优势

"小白兔"发展出来的分布式多节点光纤以太网授时技术将现

高精度
亚纳秒同步精度
皮秒级时钟晃动
支持原子钟

长距离
20 千米
更换光模块可达 100 千米
增加光运放可达数千千米

多节点
单个交换机支持 18 个节点
交换机级联可支持上万节点
拓扑结构灵活

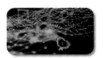

高带宽
Gigabit Ethernet
可支持 10 G, 25 G

标准化
兼容 1000Base-Lx 标准
兼容 PTPv2 (IEEE1588)
即将成为 PTPv3 标准

易维护
自刻度，无须标定
自动测量补偿光纤长度
和温度变化

低成本
单片 FPGA 单光纤实现
采用通用商业器件
在数据链路上实现时间频率同步

高可靠
冗余链路自动切换
前向纠错冗余码
抢占式优先级

"小白兔"技术优势

---

① 复用是将多个独立信号合成一个多路信号的过程。

有的网络同步技术的指标提高一个量级，能够实现从几米到千米范围内的时间同步、频率同步和相位同步，支持上万个节点，并解决大范围温度变化环境下链路延时的自动补偿和校准，具有高精度、长距离、多节点、高带宽、标准化、易维护、低成本、高可靠的突出优点。

"小白兔"融合、统一了时钟信息分发和数据传输功能，通过单根光纤连接探测器，减少连接缆线数目，极大简化了多节点应用系统的结构。所有逻辑都在单片可编程逻辑器件中完成，结构简单、集成度高，便于进行集成和二次开发。

4. 影响与意义

"小白兔"满足大面积分布式宇宙线探测器的时间同步需求，保证入射粒子重建径迹的入射角精度；也能用于大型粒子装置和光源系统的同步控制、新型自由电子激光装置的频率分布和同步、中微子实验探测器阵列的同步。

"小白兔"的分布式高精度同步技术可以广泛应用于分布式网络测控、工业自动化控制、分布式基站和远端射频系统、电力电网同

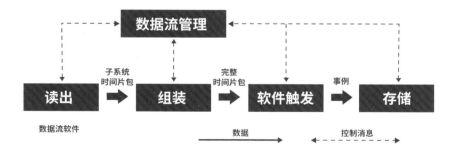

拉索数据获取软件原理

步、自适应阵列天线、多基地雷达、室内定位等多种场合；其大范围远距离时间同步技术和在特殊气象条件下系统的可靠性研究，对于野外科学实验或海洋、陆地勘测等项目也具有非常好的借鉴作用。

"无触发"数据获取系统——实现高达 4 GB/s 宇宙线事的"零死时间"①观测

1. 工程需求

拉索的数据获取需求如下：

（1）满足 KM2A-ED、KM2A-MD、WCDA 和 WFCTA 四种探测器阵列的数据读出和在线处理需求，探测器和前端电子学分布在 1.36 平方千米的实验场地内。

（2）前端电子学读出通道数约 8 000 个，读出数据速度约 4 GB/s。

（3）无全局硬件触发，电子学输出带有全局时间戳的数据包，软件实现触发计算和事例打包。

2. 基本原理

全局硬件触发系统是传统高能物理实验的重要组成部分，负责执行快速事例选择逻辑以减少原始数据，控制前端电子学数据同步，提供全局触发编号，使数据获取系统能以事例为单位进行读出和数据组装。在无全局硬件触发的实验架构下，数据获取系统根据时间

---

① "零死时间"指的是电子学系统能够在检测到每个事件后立即准备好检测下一个事件，没有任何延迟。换句话说，系统的恢复时间（即死时间）为零，因此不会丢失任何事件，实现采样的连续性和高效率。

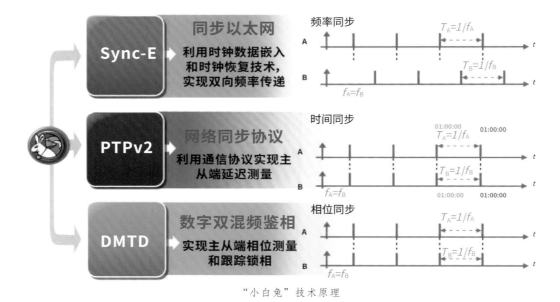

"小白兔"技术原理

戳实现数据同步，在软件中完成触发计算、输出事例数据并存储。

由于网络、计算和软件技术不断进步，计算系统在线数据处理能力不断增强。

拉索采用前端数字化电子学方案，基于以太网和 TCP/IP 协议实现数据读出，利用"小白兔"和商用交换机构成的读出网络实现电子学与数据获取系统的交互。整套数据获取软件基于 C++ 语言自主研发，设计并实现了读出、组装、软件触发和存储数据流模型，所有数据流模块均可在集群环境中运行多个副本，并行处理输入数据，在数据流管理软件协调下实现负载平衡。

3. 技术优势

该架构优势主要体现在以下方面：

（1）便于实现前端数字化、分布式电子学系统方案，降低电子学系统复杂度。

（2）相对于硬件逻辑，软件触发算法的编写和修改更加方便、灵活。

拉索是国内首次采用前端数字化、无全局硬件触发电子学方案的大型高能物理和宇宙线物理实验，对读出网络和在线系统的处理能力都提出了很高的要求。拉索数据获取实现约 8 000 个前端电子学单元、4 GB/s 的数据读出和在线处理速度。

4. 影响与意义

该方案的成功应用，为未来探测器分布广、数据量大、在线处理要求高的大型实验设计提供了一整套完整、可复用的技术路线方案。

硅光电倍增管首次在切伦科夫望远镜上大规模使用——成倍提高望远镜有效观测时间

1. 工程需求

WFCTA 是拉索三大阵列之一，硅光电倍增管相机是广角切伦科夫望远镜的核心部件之一，是望远镜的"眼睛"。切伦科夫望远镜通常只能在晴朗无月的晚上工作，为增加望远镜的有效观测时间，拉索项目要求在望远镜中采用新型硅光电倍增技术，使望远镜在有月的晚上也能实现观测。

2. 基本原理

硅光电倍增管是一种新型半导体型光电转换器件，由成千上万个工作在盖革模式下的雪崩光电二极管（APD）和猝灭电阻组成，具有单光子计数、偏置电压低、对磁场不敏感、结构紧凑等特点。在硅光电倍增管上加几十伏反向偏压，则每个 APD 耗尽层都会有很高的电场。光子击中 APD，会和半导体中的电子空穴对发生康普顿散射，激发出电子和空穴对；电子和空穴对在电场中加速，打出更多的次级电子和空穴对，逐级递增，产生雪崩放大。此时，APD 的电流瞬时变大，会在每个 APD 串联的猝灭电阻上产生瞬时的压降，停止雪崩。硅光电倍增管输出的电流大小和发生雪崩的 APD 个数成正比。

硅光电倍增管相机主要由 32×32 硅光电倍增管阵列、32×32 光收集器（Winston Cone）阵列和 1 024 通道的读出电子学系统组成。大气簇射中的相对论带电粒子的速度超过空气中的光速则会发出切伦科夫光，切伦科夫光经面积约为 5 平方米的球面反射镜收集并反射到硅光电倍增管相机上；光子首先穿过石英玻璃窗口，然后经过光收集器聚光至硅光电倍增管表面；硅光电倍增管将切伦科夫光转换成电信号后，经过前置放大电路（前放板）的初步放大后，传递至读出电子学系统；最终形成切伦科夫事例图像。

3. 技术优势

由于硅光电倍增管在强曝光下不老化、不损坏，基于硅光电倍增管技术的大气成像切伦科夫望远镜可以在有月亮甚至满月的晚上观测，从而突破了传统切伦科夫望远镜的有效观测时间瓶颈，有效时间约是基于传统光电倍增管技术的两倍。拉索的硅光电倍增管相机技术达到国际先进水平；基于硅光电倍增管相机技术的望远镜，在同等阵列规模和使用寿命下，可以收集到更多的高能（100 TeV以上）宇宙线事例。

4. 影响与意义

拉索项目建设过程中成功研制出基于硅光电倍增管相机技术的广角切伦科夫望远镜，总灵敏面积达到 4.1 平方米，实现首次在宽视场切伦科夫望远镜中大规模使用硅光电倍增管，彻底改变了这类望远镜不能在月夜工作的传统观测模式，实现了有效观测时间的成倍增长。

拉索发展的硅光电倍增管读出技术可推广至智能汽车中的雷达系统、医疗成像、核探测、加速器粒子探测等需要弱光探测的领域，在这些领域中具有广阔的应用前景。中国的下一代大型成像切伦科夫望远镜阵列（LACT）将继续采用硅光电倍增管相机技术。

20 英寸微通道板型光电倍增管——大幅提升大灵敏面积光电倍增管的时间测量精度

拥有自主知识产权的大灵敏面积、高时间精度 20 英寸光电倍增管

1. 工程需求

随着国际前沿技术的发展，WCDA 提出了更高的指标要求，高能所联合国内相关企业对 WCDA 的核心设备 20 英寸光电倍增管进行技术上的再创新。在保证探测器的角分辨率指标不变的情况下，需要将 20 英寸光电倍增管的渡越时间扩展性能指标进一步提高，最终实现在 70 GeV ～ 300 GeV 能段显著提高伽马射线的探测能力。比如，在 100 GeV 能量处的有效面积提高了 5.4 倍，同时将伽马暴监测阈能从 500 GeV 降低到 70 GeV 以下。

2. 基本原理

20 英寸光电倍增管的主要功能是接收微弱光并转化为电信号输出。该设备采用 20 英寸的椭球玻壳作为球体，在球壳内部制作透射式双碱阴极，球壳内部下半球蒸镀一层导电用的铝膜，在球壳中心偏下方是光电倍增管的阳极组件。阳极组件主要由两片特制的高增益微通道板（MCP）、扩张型聚焦极、阳极和相应的支架等组成。当光子入射到光电阴极时，光子转换成电子，电子在光电倍增管内部由聚焦极、屏蔽筒形成的静电场的作用下，会聚于阳极组件，经过两级微通道板可以放大 5×10^6 倍以上，即单光电子被放大为可探测的电子束，并被置于微通道板后端的阳极收集，经过引线引出，最后输出电信号。

3. 技术优势

针对 WCDA 的实验需求，20 英寸微通道板型光电倍增管在现有结构的基础上，创新性地采用拉杆式触发结构，设计出高稳定性

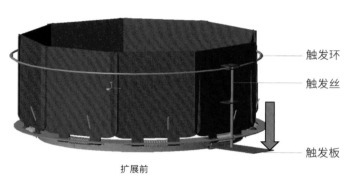

自动扩张型聚焦极结构扩展前后示意图

的自动扩张型聚焦极，其渡越时间扩展指标从原先的 15 纳秒降低为 7 纳秒以下，在无磁环境下可以达到 6 纳秒，提高了探测器时间测量精度及探测器角分辨能力。

WCDA 使用的 20 英寸光电倍增管，其技术性能优势明显：

（1）相比于上一代的 20 英寸光电倍增管，渡越时间扩展值小，时间特性较好，且光灵敏有效面积占比大。

（2）上升时间小于 2 纳秒，处于国际领先水平。具有快时间特性的 20 英寸微通道板型光电倍增管结构为国内首创。

（3）暗计数率在常温下不超过 25 千赫兹，与国际类似产品相当。

（4）后脉冲比例低（小于 1%），达到国际领先水平。

（5）阳极信号输出的动态范围较大，可以超过 3 000 倍。

4. 影响与意义

在江门中微子实验、拉索等大科学工程的需求牵引下，高能所联合相关院所、企业成功研制了 20 英寸微通道板型光电倍增管。

本项技术创新成果打破了外国公司垄断国际市场的局面，填补了我国产业空白，显著提升了我国光电行业核心器件整体水平，节约了大量的科研经费。通过持续的技术创新，20英寸微通道板型光电倍增管渡越时间扩展从原先的15纳秒降低为7纳秒以下，实现了WCDA探测高角分辨率的指标要求，大幅提升了伽马暴的探测能力，显著提高了探测器灵敏度，提升了国际竞争力。

作为一个立足于前沿基础研究的重大科技基础设施，拉索的成功建设和高质量科学产出展现了我们国家科学技术和生产制造的综合实力，也反映了学科能力水平。拉索是以宇宙线物理为核心的专用研究设施，与我国已经建成的北京正负电子对撞机、全超导托卡马克核聚变实验装置等专用设施一样，是我国基础科学研究的硬实力。拉索的建设运行，极大提高了本学科领域研究能力，为该领域产生突破性成果创造基础条件，同时培养、造就了一支高水平的科研和管理队伍，为我国宇宙线科学的可持续发展积累了人才优势。同时，拉索将大大提升我国，尤其是设施所在地区在国际科技合作项目中的地位和参与国际竞争的能力，有利于组织以我国为主导的国际合作，促进高层次的国际交流，有利于随时掌握国际前沿研究的最新动态，精准地判断研究方向。此外，拉索将发挥科学设施独特的人文优势和社会功能，为科学设施所在地的科普教育、旅游经济、公众科学素养作出贡献。

拉索采用四种探测器阵

电磁粒子探测器阵列

用于测量簇射中的次级电磁粒子，对原初宇宙线的方向、芯位和能量进行重建。

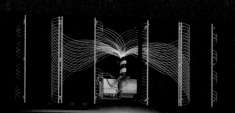

缪子探测器阵列

用于测量簇射中的缪子，对原初宇宙线的种类进行鉴别，有效排除带电宇宙线的干扰，使得拉索成为世界上最灵敏的超高能伽马射线探测装置

列复合测量宇宙线信息

水切伦科夫探测器阵列

测量簇射次级粒子在水中产生的切伦科夫光，是世界上最灵敏的甚高能伽马巡天阵列。

广角切伦科夫望远镜阵列

测量簇射次级粒子在大气中产生的切伦科夫光，获得"膝区"宇宙线能谱和成分。

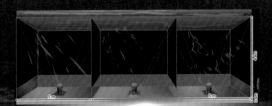

星辰大海

中国科学院高能物理研究所大科学设施矩阵

中国科学的征途是"星辰大海"，我们一直朝着它前行。

在高能物理方向上奋斗的人都知道，研究成果离不开大装置的贡献，但高能所所长、中国科学院院士王贻芳这些年被问到最多的问题恰恰是："为什么要建这些大科学装置？这些装置能有什么用？"

普通人对于高能物理不甚了解，决定了解释这个问题不是靠一朝一夕、一两个大项目成果的普及就能完成的。王贻芳院士深入浅出地回答："建设大科学装置就像谁最先有望远镜、显微镜，谁最早得到科学最新的东西，谁做了谁就走在前面。"因此，"为了我国的科研工作走在世界前面，也为了满足我们了解世界的好奇心"或许就是答案。

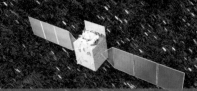

"慧眼"硬X射线调制望远镜

中国散裂中子源

北京正负电子对撞机

阿里原初引力波探测实验

大亚湾反应堆中微子实验

国空间站高能宇宙辐射探测设施

增强型X射线时变与偏振空间天文台

高能同步辐射光源

引力波暴高能电磁对应体全天监测器

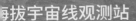

海拔宇宙线观测站

羊八井宇宙线观测站

江门中微子实验

■ 高能所雕塑《物之道》

　　随着人类探索未知的进程推进，科学研究的复杂性越来越强，人类从 20 世纪 40 年代进入了前所未有的大科学时代，各国依托大科学装置解决重大前沿科学问题，抢占科技制高点。世界科技强国长期以来将大科学装置作为提升国家创新能力和科技竞争力的重要举措。为了深刻理解物质世界，尤其是探索物质深层次结构，各国都设立专门的粒子物理实验室，建造大规模的科学装置，巨大的投入带来了辉煌的成就，有一半以上的诺贝尔物理学奖都从大科学装置中诞生，科学史上称 20 世纪为"粒子物理学的世纪"。有赖于科学装置，人类重新认识物质世界，形成崭新的时空观、运动观和物质观。高能所就是我国专门从事粒子物理研究、开展物质科学探索的学术机构。

　　很多第一次走进高能所的人，都会被门口的巨大雕塑吸引。这一雕塑的意象出自著名画家吴作人创作的《无尽无极》，李政道为这一作品做了最佳注解："道生物，物生道，道为物之行，物为道之成，天地之艺物之道。"雕塑中的团状结构代表了高能所建造的北京正负电子对撞机内以光速飞旋的正、负电子，动态的转动寓意着物质的产生与湮灭，生生不息、无尽无极。雕塑的意象也包含了中国古代哲学观的核心精神"阴阳"，是对自然发展变化规律最为简朴和博大的表达，蕴含着中国人理解万物的高阶智慧。

由邓小平同志题写的所名，吴作人先生创作的所标

　　北京市西四环外的玉泉路，高能所就在这里。高能所是我国承担大科学装置相关任务较多的研究所，包括拉索在内，目前建成运行和在建的大科学装置有十几项，形成了围绕物质科学前沿的大国重器矩阵。高能所大院内的北京正负电子对撞机是我国第一个专门用于探索物质微观结构的大科学装置，因为有了这样的装置，我们和国际科技强国的同行在前沿科学和先进技术方面逐步有了活跃的交流。以此为开端，高能所先后建成了西藏羊八井

（YBJ）国际宇宙线观测站、大亚湾（DYB）中微子实验、中国散裂中子源（CSNS）、硬 X 射线调制望远镜（HXMT）、高海拔宇宙线观测站（LHAASO）。此外，在建的项目有江门中微子实验（JUNO）、高能同步辐射光源（HEPS）；正在预研中的项目有增强型 X 射线时变与偏振空间天文台（eXTP）、空间高能宇宙辐射探测设施（HERD）。高能所瞄准国际物质科学领域的重大机遇，充分结合我国高能物理发展半个多世纪的积累，提出了未来大型环形正负电子对撞机（CEPC）计划。

近代人类文明的发展在很大程度上是科技的发展。科技发展史证明，许多重大科学成果的产出离不开大科学装置，世界科技强国争相通过装置建设实现本国科技在国际上的引领地位。1988 年，北京正负电子对撞机建成。2016 年，全国科技创新大会、两院院士大会、中国科协第九次全国代表大会上，吹响了"建设世界科技强国"的号角。大科学装置的建设快速发展，对我国的科技事业和其他各项事业的发展起到了强有力的支撑作用，基于大科学装置集群的综合性国家科学中心、区域科技创新中心正在加快建设，大科学装置成为提升国家创新体系竞争力的硬指标。

高能所在国家的正确决策下，依托一系列国之重器，立足基础科学和交叉前沿领域，以重大科学目标为牵引，在 τ - 粲物理研究、中微子物理、天体物理及空间天文、宇宙线物理、高能量前沿等方向取得一批具有重大科学意义的原创成果，成为国际领跑者，为我国高能物理发展长期保持国际竞争优势奠定了坚实基础。

北京正负电子对撞机

北京正负电子对撞机是中国建成的第一台高能电子加速器，是世界八大高能加速器之一，是当时（20世纪80年代）世界上唯一在 τ 轻子和粲粒子产生阈附近研究 τ - 粲物理的大型正负电子对撞实验装置，也是该能区迄今为止亮度最高的对撞机，其主要科学目标是开展 τ 轻子与粲物理和同步辐射研究。北京正负电子对撞机由直径202米的直线加速器、输运线、周长240米的储存环、高6米重500吨的北京谱仪和北京同步辐射装置等几部分组成，外形像一只硕大的羽毛球拍。

北京正负电子对撞机是在中共中央的亲切关怀下规划建设的，建成时邓小平同志在高能所发表重要讲话："过去也好，今天也好，将来也好，中国必须发展自己的高科技，在世界高科技领域占有一席之地。"北京正负电子对撞机确立并发展了我国粲物理研究

在国际上的领先地位，取得了一系列国际领先的研究成果，包括 τ
轻子质量的精确测量、2 GeV ～ 5 GeV 能区强子反应截面（R 值）
测量、发现新强子态、发现带电类粲偶素 Zc（3900）、J/ψ 共振参
数的精确测量、Ds 物理研究、ψ（2S）粒子及粲夸克偶素物理的实
验研究、J/ψ 衰变物理的实验研究等。这些研究成果获得省部级以
上奖励 40 余项，其中国家自然科学奖二等奖 8 项。在设施的建造
和升级改造过程中，高能所分别获得国家科技进步奖特等奖（1990
年）和一等奖（2016 年），这不仅是中国高能物理发展史上的重要
里程碑，也是中国高科技发展的重要象征。

北京正负电子对撞机全景

■ 北京正负电子对撞机内部

北京同步辐射装置

北京同步辐射装置是我国第一个建成并投入使用的、横跨真空紫外到硬 X 射线波段的大型同步辐射装置。它是工作在北京正负电子对撞机上的第一代同步辐射光源，于 1991 年正式对用户开放。

北京同步辐射装置建有 3 个实验大厅，共有 5 个插入件、14 条光束线和用户实验站，覆盖了从真空紫外到硬 X 射线能量范围的同步辐射光。北京同步辐射装置已经建立了 X 射线形貌术、X 射线成像、X 射线衍射、X 射线小角散射、漫散射、生物大分子结构、X 射线荧光微分析、X 射线吸收精细结构、光电子能谱、圆二色谱、软 X 射线刻度和计量、中能 X 射线光学、高压结构研究和 X 射线光刻等多种实验技术，这些技术为凝聚态物理、高压物理、化学化工、材料科学、生命科学、地球科学、环境科学、微电子、微机械加工、计量学、光学及探测技术等广泛学科的基础研究和应用研究提供了强有力的实验研究手段，还为国家重大需求提供了重要的技术支持。

■ 北京同步辐射装置

中国散裂中子源

中国散裂中子源是我国首台、世界第四台脉冲式散裂中子源，被誉为探索物质微观结构的"超级显微镜"，由中国科学院和广东省人民政府共同建设，位于广东省东莞市松山湖科学城。

中国散裂中子源的主要原理是通过离子源产生负氢离子，利用一系列直线加速器将负氢离子加速到 80 MeV，负氢离子经剥离作用变成质子后注入一台快循环同步加速器中，将质子束流加速到 1.6 GeV 的能量，引出后经束流传输线打向钨靶，在靶上发生散裂反应产生中子，通过慢化器、中子导管等引向中子谱仪，供用户开展实验研究。

中国散裂中子源填补了国内脉冲中子应用领域的空白，使我国在强流质子加速器和中子散射领域实现了重大跨越，技术和综合性能进入国际同类装置先进行列。

中国散裂中子源 2018 年正式投入运行，运行效率在国际同类装置中最高，目前以 160 千瓦打靶功率稳定高效运行，超出设计指标 60%；已完成 11 轮开放共享，完成了 1 500 余项科研课题，在磁性材料、纳米功能材料、高效催化剂、自旋电子学、有机太阳能薄膜电池、金属玻璃、高分子聚合物、生物大分子等领域取得了一批重要的科学成果。

■ 中国散裂中子源外部全景

大亚湾反应堆中微子实验

大亚湾反应堆中微子实验是高能所主导的粒子物理大型国际合作项目。实验站建在广东省大亚湾核电站内。项目通过探测核反应堆核裂变时产生的中微子来测量中微子混合角 θ_{13}，并开展反应堆中微子能谱测量相关研究。这些研究对了解微观基本粒子的性质和宏观宇宙的起源与演化、基本粒子物理的大统一理论、寻找与鉴别新物理等具有重要意义。

2012 年 3 月，大亚湾反应堆中微子实验发现新的中微子振荡模式，精确测量到中微子混合角 θ_{13}，被《科学》杂志评选为 2012 年度十大科学突破之一。这是在中国本土诞生的一项重大物理成果，被称为中微子物理的里程碑。大亚湾反应堆中微子实验获得国家自然科学一等奖、基础物理学"突破奖"、未来科学大奖等多个奖项，使我国的中微子研究从无到有并跨入国际先进行列。

大亚湾反应堆中微子实验大厅，中微子探测器

　　大亚湾反应堆中微子实验于 2006 年立项，有 7 个国家和地区、41 个科研机构的 200 多名科研人员参与，是中国和美国在基础研究领域规模最大的合作项目。2020 年 12 月 12 日，大亚湾反应堆中微子实验站圆满完成科学使命，正式退役。

江门中微子实验

江门中微子实验是继大亚湾反应堆中微子实验完成后，由高能所主导的第二个中微子实验项目。江门中微子实验位于广东省江门市开平市，通过探测来自台山核电站和阳江核电站的中微子，以精确测定中微子质量顺序为首要科学目标，开展精确测量中微子混合参数，研究超新星、地球及太阳中微子，寻找质子衰变、不活跃中微子等多项重大前沿研究。

实验装置位于地下 700 米深处，主体结构由直径 41 米的不锈钢网壳和直径 35.4 米的有机玻璃球组成，内部装有 2 万吨液体闪烁体，当中微子从中穿过时，产生的极微弱的信号会被光电倍增管捕捉到。

江门中微子实验于 2013 年立项，有 17 个国家和地区、74 个科研机构的 700 多名科研人员参与，预计于 2025 年建成并投入运行，届时将与日本"顶级神冈"中微子探测器（Hyper-K）和美国的深层地下中微子实验（DUNE）形成中微子研究的鼎足之势。江门中微子实验将使我国在中微子研究领域的国际领先地位得到进一步巩固，并成为国际中微子研究的中心之一。

■ 江门中微子实验外部全景

硬 X 射线调制望远镜

硬 X 射线调制望远镜，又称"慧眼"卫星，是中国首颗 X 射线空间天文卫星，用于研究黑洞、中子星和伽马暴等致密天体的基本物理性质和爆发现象，于 2017 年 6 月 15 日在酒泉卫星发射中心由长征四号乙运载火箭发射升空。

硬 X 射线调制望远镜具有扫描巡天、定点观测和伽马暴监测三种工作模式，其上装载着低能、中能、高能 X 射线望远镜和空间环境监测器四个探测有效载荷，具有大天区巡天扫描观测和高精度的定点观测能力，可覆盖目标天体 1 keV ～ 250 keV 的能区，还可以对 0.2 MeV ～ 3 MeV 的伽马暴进行全天监测。

硬 X 射线调制望远镜入轨后的研究对象主要是黑洞、中子星和伽马暴等致密天体和爆发现象；通过对银道面的巡天观测，发现新的高能变源和已知高能天体的新活动；通过定点观测和分析黑洞、中子星等高能天体的光变和能谱性质，加深对致密天体和黑洞强引力场中动力学和高能辐射过程的认识；在硬 X 射线 / 软伽马射线能区获得伽马暴及其他爆发现象的能谱和时变观测数据，研究宇宙深处大质量恒星死亡及中子星并合等导致的黑洞的形成过程。硬 X 射线调制望远镜对于推动我国天文学研究的发展、加深对宇宙极端物理过程的理解具有重大意义。

■ "慧眼"硬 X 射线调制望远镜概念图

高能同步辐射光源

高能同步辐射光源是我国第一台高能量同步辐射光源，也将是世界上亮度最高的第四代同步辐射光源之一，是"十三五"期间优先建设的国家重大科技基础设施，能为国家重大战略需求和前沿基础科学研究提供强有力支撑。

高能同步辐射光源的整体建筑外形似一个放大镜，寓意为"探测微观世界的利器"，主要建设内容包括加速器、光束线站及辅助设施等，于 2019 年 6 月在北京怀柔科学城北部核心区开工建设。高能同步辐射光源储存环加速器周长 1 360.4 米，电子束流能量为 6 GeV，亮度高于 1×10^{22} phs/s/mm²/mrad²/0.1% BW（每秒每平方毫米每平方毫弧度每千分之一能量带宽有 10^{22} 个粒子）。高能同步辐射光源将建设不少于 90 条高性能光束线站，首期建设 14 条公共光束线站，向工程材料、能源环境、生物医药、石油化工等领域的用户开放。高能同步辐射光源可提供能量高达 300 keV 的高能量、高亮度、高相干性的同步辐射光，具有纳米级空间分辨、皮秒级时间分辨、毫电子伏级能量分辨能力；在为众多用户提供常规技术支撑的同时，还将为国家发展战略和迫切的工业需求提供多维度、实时、原位的表征平台，解析工程材料的结构，观察其演化的全周期、全过程。

　　高能同步辐射光源将推动我国同步辐射光源领域研究达到世界前沿，将显著提升我国在科技和产业领域的原始创新能力，也将成为我国重要的国际科技合作与基础科学研究平台。

■ 高能同步辐射光源

羊八井宇宙线观测站

羊八井观测站位于西藏自治区念青唐古拉山脚下，包括中日合作 AS γ 实验、中意合作 ARGO－YBJ 实验两个大型国际合作项目，除了开展宇宙线研究之外，还可同时开展气候、空间天气等方面的交叉研究。

AS γ 实验于 1988 年开始建设，1990 年建成一期阵列，是当时国际上唯一能够达到 10 TeV 探测阈能的地面阵列。1996 年开始的

二期加密阵列将阈能降到了 3 TeV，从而成为地面阵列中第一个观测到蟹状星云太电子伏级光子辐射的实验。后期，AS γ 实验进一步升级，增加了缪子探测器和芯探测器。2006 年，AS γ 实验发表北半球最高精度的宇宙线强度分布图，发现宇宙线与银河系共转的证据；该结果发表于美国《科学》杂志，被誉为里程碑式的成果。

ARGO-YBJ 实验于 2000 年启动建设，2006 年 6 月完成全部探测器安装并投入物理运行，采用全覆盖地毯式安装结构，可以将地面观测的阈能下降至 0.1 TeV，并大大提高探测灵敏度，在扩展源、瞬变源和能谱测量上做出了重要贡献。

羊八井观测站为中国科技部首批国家级野外台站，除了以上两个大型国际合作科学设施之外，还拥有中子望远镜、中子监测器、乳胶室等探测器。羊八井观测站几乎涵盖了当时宇宙线探测的全部技术手段，是宇宙线物理与高能伽马天文观测的国际研究平台，也是重要的交叉学科研究平台。

■ 羊八井观测站全景

阿里原初引力波探测实验

阿里原初引力波探测实验位于我国西藏自治区阿里地区（海拔5 250 米），是北半球第一个地面高海拔原初引力波观测站，具有高灵敏度、多频段的宇宙微波背景辐射探测能力，其科学目标是探测原初引力波，探索宇宙起源，实现我国在原初引力波探测领域零的突破。

引力波的起源大致分为天体物理起源和宇宙学起源两类，对应不同的物理起源，引力波信号的频段不同，相应的探测方式也不一样。科学家认为，只要探测到原初引力波就能借此反推宇宙诞生时刻时空的动力学原理，从而研究宇宙的起源。国际上，原初引力波至今未被直接观测到，阿里原初引力波探测实验正是基于这一国际前沿规划建设的。

阿里原初引力波探测实验目前部署一台双频段小口径折射式高

灵敏度宇宙微波背景辐射偏振望远镜，实现大范围高速往返扫描，打开在北半球天区搜索原初引力波的新窗口。未来该实验还将研制大口径偏振望远镜，开展多频段的观测，其科学目标将扩展至包括中微子质量、暗能量物理本质等宇宙学领域的研究。

■ 阿里原初引力波观测站

引力波暴高能电磁对应体全天监测器

　　引力波暴高能电磁对应体全天监测器，又称怀柔一号"极目"卫星，是由高能所提出和参与研制的小型空间探测项目，也是中国科学院空间科学（二期）先导专项的首颗科学卫星。2020年12月10日，由长征十一号运载火箭以"一箭双星"的方式将其送入预定轨道。

　　"极目"卫星首发的两颗小卫星，采用共轭轨道的星座布局，对引力波伽马暴、快速射电暴高能辐射，特殊伽马暴和磁星爆发等高能天体爆发现象进行全天监测，推动破解黑洞、中子星等致密天体的形成和演化，以及双致密星并合之谜。此外，"极目"卫星还将探测太阳耀斑、地球伽马闪和地球电子束等日地空间高能辐射现象，为进一步研究其物理机制提供科学观测数据

　　"极目"双星运行之后，我们又成功发射了两个类似的载荷，也就是说，目前在太空中已有四个在轨运行的"极目"系列载荷，

且已成功观测到最亮伽马暴、快速射电暴的高能对应体，太阳耀斑
及地球伽马闪等现象。

■ 引力波暴高能电磁对应体全天监测器概念图

中国空间站高能宇宙辐射探测设施

中国空间站高能宇宙辐射探测设施是计划于 2027 年左右发射并安装在中国空间站上的空间天文和粒子天体物理探测器，计划正式运行 10 年以上，是中国空间站旗舰级重大科学实验和具有重大影响的空间科学研究项目。

中国空间站高能宇宙辐射探测设施的高能电子能谱测量上限可达数十太电子伏，从而发现临近源能谱的重要特征；宇宙线测量可达 3 PeV，从而首次直接测量宇宙线的"膝"的形状和成分。该设施能够将空间实验和地面实验的能谱连接起来，并绘制能标一致的能谱，进一步理解银河系宇宙线起源和加速机制。其有效载荷包含具有三维成像能力的量能器、硅径迹仪、塑闪探测器、硅电荷探测器和穿越辐射探测器五种探测器，具有前所未有的空间直接测量最大接收度和最高能量范围。科学目标包括精确测量宇宙线电子能谱及搜寻可能的暗物质信号，开展宇宙线原子核能谱的测量和宇宙线物理研究、伽马射线巡天和监视等前沿科学研究。

■ 中国空间站高能宇宙辐射探测设施概念图

增强型 X 射线时变与偏振空间天文台

增强型 X 射线时变与偏振空间天文台是继硬 X 射线调制望远镜 "慧眼" 卫星之后我国下一代旗舰级 X 射线天文卫星，旨在对黑洞、中子星或夸克星等天体进行高时间分辨、高能量分辨、高精度偏振观测，揭示宇宙极端引力、极端磁场和极端密度下的基本物理规律。

增强型 X 射线时变与偏振空间天文台将配置两种主要载荷和一种辅助载荷：主载荷能谱测量 X 射线聚焦望远镜阵列，有效面积 3 000 平方厘米以上，覆盖 0.5 keV ~ 10 keV 能区；主载荷偏振测量 X 射线聚焦望远镜阵列，有效面积 300 平方厘米以上，覆盖 2 keV ~ 8 keV 能区；辅助载荷宽视场和宽能段相机，视场约 3 600 平方度，有效面积 300 平方厘米以上，覆盖 300 keV ~ 600 keV 能区。增强型 X 射线时变与偏振空间天文台卫星计划于 2029 年左右发射。

■ 增强型 X 射线时变与偏振空间天文台概念图

后记

2021 年的 5 月 17 日，拉索团队宣布，在银河系内发现大量超高能宇宙加速器，并记录到能量高达 1.4 PeV 的伽马光子，这是当时人类观测到的最高能量光子，突破了人类对银河系粒子加速的传统认知，开启了"超高能伽马天文学"的时代。这一结果让国际权威期刊《自然》的审稿人惊呼"real breakthrough（真正的突破）""beginning of a new era（新时代的开始）"，国际著名天体物理学家费利克斯·阿哈罗尼安（F. Aharonian）感叹"I could die after seeing the results（看到这些结果，我此生足矣）"。这一项让学界发出"朝闻道，夕死可矣"感慨的科学发现，在当时看来犹如石破天惊，就连我们自己在面对这些前所未见的观测结果时都会觉得不可思议。但随着持续观测，1.4 PeV 已然成为历史，拉索不断地刷新着自己创造的纪录。因为此前的探测器在这么高的能量没有足够高的灵敏度去探测伽马射线，是探测手段限制了人类的认知。

人类对宇宙认知的每一次革命，都伴随着探测能力的提升。1.4 PeV

光子的成功探测，无疑是对拉索工程卓越性能的一次真实验证，拉索建设团队将一张宏大的科学蓝图变成现实世界中独一无二的科学装置，兑现了立项之初向国家做出的庄重承诺。在 5 月 17 日的新闻发布会现场，包括我在内的众多拉索工程建设者们共同见证了这一令人振奋的成就，我们无不深受鼓舞，内心充满了感动与满足。拉索曾是曹臻老师的一个构想，从 2009 年正式提出，到 2021 年投入运行，并获得重大发现，就连曹老师本人也没有预想到，"5 月 17 日"这一天会这么快到来。

　　"你们是怎么做到的？"我们经常被问到这样的问题。我曾经在曹老师的一篇文章里偶然地发现，短短 5 000 余字，"挑战"一词居然出现了 21 次，仅次于拉索出现的频次。"只要是看准的事情，不管困难有多大，都应该去挑战。""挑战"是拉索建设团队的精神底色。中国的高山宇宙线研究从云南落雪山发轫之后，就时刻与"挑战"同行，从云南落雪山到西藏羊八井，再到四川稻城，每一次跨越都凝聚着一代又一代人直面"挑战"的坚定信念。翻开科学史，又有哪一次进步的背后不是"挑战"呢？拉索正是曹老师这一代人站在新的起点向更远处的前沿发起的一次挑战。

　　来自宇宙空间的这些高能粒子，事关物质构成、宇宙演化，尤其是这些能量超乎寻常的粒子，既是开展前沿科学研究的"奢侈品"，又是取得重大发现的"必需品"。然而，从法国物理学家库仑——我们常用的电荷量单位"库仑"，就是以他的名字命名的——发现验电器"漏电"开始，到奥地利探险家赫斯确认神秘辐射来自于宇宙空间，再到本世纪初，宇宙线科学史上鲜有中国人的名字，少有中国人的贡献。曹老师多次在不同场合提到，在宇宙线科研领域"要有中国人的话语权"。

"5月17日"这一天对于我们宇宙线学人来说特别重要，它带给我们的不仅仅是科学进展上的成就感，更重要的是在国际舞台上的自信心。

2023年1月5日，由抖音和世界顶尖科学家协会联合发起的线上节目《硬核知识局》中，90岁的美国物理学家、诺奖得主谢尔顿·李·格拉肖和中国科学院高能物理研究所所长王贻芳院士就《平行宇宙真的存在吗？》展开了精彩对话。当被主持人问及"粒子物理学的黄金时代已经过去了吗"，格拉肖以拉索为例说出了自己的看法：

中国最近做出了一项有趣而又令人费解的探测，就是非常非常明亮的伽马射线暴被地面实验和空间探测器探测到了，除了它本身非常有趣之外，它还伴随着一束伽马射线，能量巨大，（按说）它不应该出现在那里，因为这一事件发生在离我们很遥远的地方，伽马射线不可能过来，这是一个谜题。我们不知道伽马射线从哪里来的，但是谁知道呢，谜题几乎随时都可能出现，也可能是非常重要的（问题）。

宇宙线是个很小众的学科，国际上每两年开一届宇宙线大会，全球学者济济一堂，规模大概在700人。拉索每年召开的合作组会汇集了国内的绝大部分学者、年轻学生，有200人左右，还包括了天文、粒子物理、探测器技术等相关专业的研究人员。但就是这样一个小众的学科，却产生过辉煌的成就，在自然哲学前进的轴线上，一次次改变了人类认知的方向，也催生了一个新的学科——高能物理。直到今天，宇宙线这门古老而又前沿的学科仍然保持活力，始终是冲破黑暗宇宙的前行者，是发现新奇的"吹哨人"。"5月17日"，拉索也加入了这个队列。

本书介绍的几次重大发现，并不是拉索从开始观测以来的全部。拉索揭开的冰山一角，让我们深刻意识到，在未来数年，拉索的发现也许会彻底改变人类对最高能量和极端宇宙的认识。已故的拉索科学顾问、ARGO-YBJ 意方发言人贝内托德·德埃托雷·皮亚左利（Benedetto D'Ettorre Piazzoli）教授在 2021 年发给国际同行的邮件中写道："这一切，才是拉索传奇的开始，是一缕划破高能伽马天空的曙光，照亮的是广阔非热宇宙的壮丽河山，那里有宇宙线永不枯竭的强大源泉，有我们要寻找的世纪谜底。"

本书从选题到定稿，詹文龙院士、陈和生院士、王贻芳院士给予了支持，中国科学院高能物理研究所的多位老师和同事提供了真实的资料，谭有恒老师对宇宙线在中国的发展历程作了有益的补充，南京大学柳若愚教授、西南交通大学刘四明教授、高能所李骢副研究员对本书科学成果部分所作的专业细节补充让本书更加严谨，王晨芳、张重阳等提供了相关的照片和资料。所有的贡献都是为了能让这些凝结着拉索挑战精神的散金碎玉集中呈现，在此向以上专家和同事表示深深的感谢。

在和曹老师撰写本书的过程中，我有机会从一个工程的建设者变成一个观察者，重温拉索工程的建设历程，更加觉得今天取得的成果来之不易，在这样的一场共同奔赴中，所有人的付出都是值得的。本书提到了很多人和他们的故事，但在庞大的建设者队伍和漫长的立项、建设历程中，这些只占很少一部分，还有很多的故事无法在这本书里一一叙述；然而我知道的是，任何一个人都有属于自己的传奇，在拉索的"星空"里，所有人都在用自己的方式发出光，照亮彼此。

拉索科学发现年表

■ 2021 年 2 月 3 日，拉索首篇科学文章在《中国物理 C》发表。拉索通过 1 平方公里地面阵列（KM2A）测量了蟹状星云 10 TeV 以上的伽马辐射，观测显著性超过了 14 倍标准偏差，这一置信度水平大幅超过此前所有实验多年累积结果，表明拉索已经成为国际上最灵敏的超高能伽马射线探测装置。

■ 2021 年 5 月 17 日，拉索在银河系内发现大量超高能宇宙加速器，并记录到能量达 1.4 PeV 的伽马光子，这是人类观测到的最高能量光子，揭示出银河系内普遍存在"宇宙加速器"能够将粒子能量加速到 1 PeV 以上，远超当前人类加速能力的极限，突破了人类对银河系粒子加速的传统认知，开启了"超高能伽马天文学"时代。该成果在《自然》（Nature）上发表。

■ 2021 年 7 月 8 日，拉索精确测量了标准烛光蟹状星云的辐射亮度，能量范围覆盖 3.5 个数量级，为超高能段的辐射流强提供新标准；还记录到能量达 1.1 PeV 的伽马光子，表明在蟹状星云核心区存在加速能力超强的电子加速器，加速能力超过当前人工加速器加速能力上限 2 万倍左右，直逼经典电动力学和理想磁流体力学所允许的加速极限。该成果在《科学》（*Science*）上发表。

■ 2021 年 12 月 7 日，LHAASO Science Book 正式以专刊的形式在《中国物理 C》发表。

■ 2022 年 2 月 3 日，拉索验证爱因斯坦相对论时空对称的正确性。拉索观测数据表明，伽马射线能谱直到拍电子伏以上一直向高能端延伸，并没有发现任何因高能伽马事例"神秘"消失引起的截断现象，表明洛伦兹对称性在接近普朗克能标下仍然是正确的，这是爱因斯坦相对论建立的基石。该成果在《物理评论快报》（*Physical Review Letters*）上发表。

■ 2022 年 12 月 21 日，拉索测量了银河系盘面以外 100 TeV 以上伽马射线的强度，对暗物质寿命做出了迄今最严格的限制，比此前研究结果提高了近 10 倍。研究表明，拍电子伏级质量的暗物质寿命至少为 10 万亿亿年。该结果发表于《物理评论快报》（*Physical Review Letters*）。

■ 2023 年 5 月 29 日，拉索首批伽马源星表正式发布，包含 90 颗甚高能伽马射线源，其中 32 颗为新发现，43 颗为超过 100 TeV 的超高能伽马射线源。

■ 2023 年 6 月 9 日，拉索观测到迄今最亮的伽马暴（编号 GRB 221009A），相关研究成果发表于《科学》（*Science*）上。拉索是国际上对此次爆发现象在千亿电子伏级以上的余辉辐射过程实现完整观测的唯一探测装置，发现了余辉辐射的快速增长现象和快速衰减现象。拉索观测到的 GRB 221009A 产生的喷流非常集中，张角仅 0.8°，是迄今所知最小张角喷流。通过进一步研究，拉索还给出了甚高能伽马辐射的精确能谱，发现能谱可延伸至十万亿电子伏以上。该成果在《科学进展》（*Science Advances*）上发表。

■ 2023 年 10 月 9 日，拉索以前所未有的精度测量了银河系银盘面超高能弥散伽马辐射强度，填补了外银盘伽马辐射在该能段的观测空白。超高能段的弥散伽马射线辐射分布与宇宙线分布直接相关，拉索首次揭示出外银盘区域存在显著弥散辐射，为理解宇宙线在银河系的分布迈出重要一步。相关结果发表于《物理评论快报》（*Physical Review Letters*）。

■ 2024 年 2 月 26 日，拉索在距地球约 5 000 光年的天鹅座恒星形成区发现一个直径达 1 000 光年的巨型超高能伽马射线泡状结构，找到了能量超过 10 EeV 的宇宙线起源天体，认证了第一个能量超过"膝区"的宇宙线加速源。该成果以封面文章的形式在《科学通报》（*Science Bulletin*）上正式发表。

■ 2024 年 3 月 26 日，拉索以前所未有的精度测量了"膝区"宇宙线能谱和平均对数质量，结果表明"膝"的成因源于宇宙线的轻成分即质子和氦的截断。此外，首次在平均对数质量上发现了一个类似"肘"关节的结构。该成果在《物理评论快报》（*Physical Review Letters*）上在线发表。

■ 2024 年 7 月 16 日，拉索对银河系最大、最活跃的"恒星工厂"之一 W51 区域进行精确观测，首次将此区域的能谱测量拓展到超高能区，清晰测量到伽马射线能谱"软化"结构，观测结果表明 W51 区域的宇宙线加速能量极限在 400 TeV，位于该区域的超新星遗迹 SNR W51C 是最可能的宇宙线加速源，该结果为超新星遗迹是超高能宇宙线源提供了重要证据。相关成果发表于《科学通报》（*Science Bulletin*）。

■ 2024 年 8 月 7 日，拉索通过探测暗物质粒子相互碰撞产生的伽马射线来寻找暗物质踪迹。拉索搜寻了银河系附近的 16 个矮星系目标区域，对质量大于 10 TeV 的超重暗物质粒子相互作用的反应截面给出了当前实验能力最为严格的限制，这表明暗物质在这一能量范围内湮灭产生伽马辐射的概率极低。该研究成果在《物理评论快报》（*Physical Review Letters*）发表。

■ 2024 年 8 月 15 日，拉索利用史上最亮伽马暴 GRB 221009A 的高能辐射观测结果验证洛伦兹不变性，发现不同能量光子之间并不存在到达时间延迟现象，在更高的精度上验证了爱因斯坦相对论的时空对称性。该研究成果在《物理评论快报》（*Physical Review Letters*）发表。

■ 未完待续

• 以上提到的日期是相应成果在学术刊物上发表的时间。

参考文献

[1] 罗杰·柯莱，布鲁斯·道森. 宇宙飞弹：天体物理学中的高能粒子 [M]. 车宝印，译. 南昌：江西教育出版社，1999.

[2] 席泽宗. 蟹状星云与中国客星 [J]. 科学中国人，2001(7): 11-13.

[3] 曹臻，刘加丽，白云翔. 物理学中的世纪难题：高能宇宙线的起源之"谜" [J]. 自然杂志，2009, 31(6): 342-347, 363.

[4] 中国科协学会学术部. 高能天体物理中的热点问题 [M]. 北京：中国科学技术出版社，2010.

[5] 刘加丽，曹臻. 大型强子对撞机时代的宇宙线实验 [J]. 物理，2011, 40(10): 631-642.

[6] 李宗伟，肖兴华. 天体物理学 [M]. 北京：高等教育出版社，2012.

[7] 谭有恒. 从乌蒙山到念青唐古拉——百年宇宙线研究的中国故事 [J]. 物理，2013, 42(1): 13-22.

[8] Pralavorioa P. Particle physics and cosmology[J]. Annals of the New York Academy of Science, 2013, 759(1): 170-187.

[9] Cao Z. Status of LHAASO updates from ARGO-YBJ[J]. Nuclear Instruments and Methods in Physics Research, Section A: Accelerators, Spectrometers, Detectors and Associated Equipment, 2014, 742: 95-98.

[10] 曹臻，何会海. 大科学装置与高能宇宙线起源的探索 [J]. 中国科学：物理学 力学 天文学，2014, 44(10): 1095-1107.

[11] 唐纳德·帕金斯. 粒子天体物理 [M]. 来小禹, 陈国英, 徐仁新, 译. 合肥 : 中国科学技术大学出版社 , 2015.

[12] 白云翔, 罗小安. 高海拔宇宙线观测站对地方科教及经济社会的影响 [J]. 中国科学院院刊科技与社会 , 2015, 30(5): 660-666.

[13] 雷·贾亚瓦哈纳. 中微子猎手 : 如何追寻"鬼魅粒子" [M]. 李学潜, 沈彭年, 丁亦兵, 译. 上海 : 上海科技教育出版社 , 2015.

[14] 胡红波, 王祥玉, 刘四明. 超高能宇宙线从何而来? [J]. 科学通报 , 2018, 63(24): 2440-2449.

[15] Amenomori M, Bao Y W, Bi X J, et al. (Tibet ASγ Collaboration). First detection of photons with energy beyond 100 TeV from an astrophysical source [J]. Physical Review Letters, 2019, 123(5): 051101.1-051101.6.

[16] 王贻芳, 白云翔. 发展国家重大科技基础设施　引领国际科技创新 [J]. 管理世界 , 2020(5): 172-188.

[17] 俞云伟. 惊鸿一瞥 : 宇宙中那些短暂而剧烈的电磁爆发现象 [J]. 现代物理知识 , 2020, 32(5): 10-16.

[18] 常进. 谈谈 LHAASO 发现公众关心的几个问题 [J]. 现代物理知识 , 2021, 33(3): 25-26.

[19] 曹臻. 探索 1 PeV 伽马射线的梦想 [J]. 现代物理知识 , 2021, 33(3): 20-23.

[20] 柳若愚. 高海拔宇宙线观测站与超高能伽马射线源 [J]. 天文学报 , 2021, 62(4): 143-144.

[21] Cao Z, Aharonian F, An Q, et al. Peta-electron volt gamma-ray emission from the Crab Nebula [J]. Science, 2021, 373: 425-430.

[22] 刘煜. 稻城 : 天文选址途上的明珠 [J]. 中国国家天文 , 2021, 15(7): 34-41.

[23] Cao Z, Aharonian F, An Q, et al. Ultrahigh-energy photons up to 1.4

petaelectronvolts from 12 γ-ray Galactic sources [J]. Nature, 2021, 594(7861): 33−36.

[24] 席泽宗. 新星和超新星 [M]. 北京: 科学出版社, 2021.

[25] 黎耕. 神秘的蟹状星云 [J]. 现代物理知识, 2021, 33(3).10−11.

[26] 曹臻. LHAASO 在宇宙线物理中的里程碑意义 [J]. 科学通报, 2022, 67(14): 1558−1566.

[27] Cao Z, Aharonian F, An Q, et al. A tera−electron volt afterglow from a narrow jet in an extremely bright gamma−ray burst [J]. Science, 2023, 380(6652): 1390−1396.

[28] 曹臻. 多信使天体物理主力实验装置 LHAASO 及其未来 [J]. 现代物理知识, 2024, 36(1): 26−33.

[29] 刘佳, 曹臻. 揭秘宇宙线起源: LHAASO 的使命、挑战与展望 [J]. 物理, 2024, 53(4): 237−244.

[30] 柳若愚, 李朝明. 超高能伽马射线的天体物理起源 [J]. 物理, 2024, 53(4): 245−253.

[31] LHAASO Collaboration. An ultrahigh−energy γ-ray bubble powered by a super PeVatron [J] Science Bulletin, 2024, 69(4): 449−457.

[32] 李骢, 杨睿智, 曹臻. LHAASO 解密宇宙线起源 [J]. 科学通报, 2024, 69(19): 2698−2700.

• 本书部分图片由中国科学院高能物理研究所、中共稻城县委宣传部提供, 特此致谢。

• 本书作者邮箱: baiyx@ihep.ac.cn

新使命

图书在版编目（CIP）数据

拉索：打开人类高能宇宙新视界 / 曹臻，白云翔著．
成都：四川科学技术出版社，2024.9. -- ISBN 978-7
-5727-1479-5

Ⅰ . O572.1

中国国家版本馆 CIP 数据核字第 202498U0G5 号

拉索　打开人类高能宇宙新视界
LASUO DAKAI RENLEI GAONENG YUZHOU XINSHIJIE

著　　者	曹　臻　　白云翔
策 划 人	周　青　　饶　华
出 品 人	程佳月
监　　制	杨　颢
策划编辑	韩　薇　　王　磊
责任编辑	林佳馥　　肖　伊　　张　琪　　王　娇
营销编辑	张士龙　　李　卫　　鄢孟君　　杨亦然　　赵　成
封面设计	宋晓亮
版式设计	李沛函
出版发行	四川科学技术出版社
	成都市锦江区三色路 238 号　邮政编码：610023
	官方微博：http://weibo.com/sckjcbs
	官方微信公众号：sckjcbs
	传真：028-86361756
成品尺寸	170 mm × 240 mm
印　　张	20.75
字　　数	415 千字
印　　刷	艺堂印刷（天津）有限公司
版　　次	2024 年 9 月第 1 版
印　　次	2024 年 9 月第 1 次印刷
定　　价	88.00 元

ISBN 978-7-5727-1479-5

邮购地址：成都市锦江区三色路 238 号新华之星 A 座 25 层
电　话：028-86361758　　邮政编码：610023